块系岩体摆型波传播及防冲控制研究

王凯兴◎著

中国矿业大学出版社

·徐州·

内 容 提 要

　　块系岩体中存在一种非线性摆型波动力传播现象,摆型波在块系岩体中低频低速大摆幅传播,极易诱发冲击地压等动力灾害。本书对块系岩体摆型波传播特征现象与冲击地压的关系进行了研究,主要内容包括:摆型波的研究现状,块系岩体摆型波传播的衰减规律、能量传递与转化规律及块系岩体的准共振特征,摆型波传播过程中块系岩体的超低摩擦效应及发生判据,二维摆型波传播的块系岩体动力响应特征,摆型波传播特征,基于摆型波传播理论分析其诱冲机理与防冲控制等。

　　本书可供从事岩石力学和冲击地压研究的科技工作者参考。

图书在版编目(CIP)数据

　　块系岩体摆型波传播及防冲控制研究 / 王凯兴著
. —徐州:中国矿业大学出版社,2023.6
　　ISBN 978 - 7 - 5646 - 5843 - 4

　　Ⅰ. ①块… Ⅱ. ①王… Ⅲ. ①岩体—波传播—防冲—研究 Ⅳ. ①TD324

　　中国国家版本馆 CIP 数据核字(2023)第 101498 号

书　　名	块系岩体摆型波传播及防冲控制研究
著　　者	王凯兴
责任编辑	满建康
出版发行	中国矿业大学出版社有限责任公司
	(江苏省徐州市解放南路　邮编 221008)
营销热线	(0516)83885370　83884103
出版服务	(0516)83995789　83884920
网　　址	http://www.cumtp.com　E-mail:cumtpvip@cumtp.com
印　　刷	江苏淮阴新华印务有限公司
开　　本	787 mm×1092 mm　1/16　**印张** 8.25　**字数** 211 千字
版次印次	2023 年 6 月第 1 版　2023 年 6 月第 1 次印刷
定　　价	48.00 元

　　(图书出现印装质量问题,本社负责调换)

前　言

岩石动力学是岩石力学的重要组成部分。块系岩体中的动力传播存在低频低速大摆幅的非线性特征，Kurlenya M. V. 和 Oparin V. N. 将具有这种特征的波称为摆型波。研究摆型波传播规律对认识冲击地压灾害具有重要意义。本书是关于块系岩体非线性摆型波动力传播规律及诱发冲击灾害研究的专著。

全书共 6 章内容，以块系岩体摆型波传播为主线，紧密结合冲击地压动力灾害，按摆型波传播规律、诱发冲击灾害机理及冲击灾害防治展开。第 1 章对块系岩体摆型波传播研究现状进行综述。第 2 章分析了块系岩体的摆型波动力传播规律，包括块系岩体的动力传播衰减分析、能量传递与耗散分析、准共振分析。第 3 章分析了块系岩体摆型波传播过程的超低摩擦效应以及煤岩体滑移型冲击地压的启动。第 4 章分析了二维块系岩体摆型波传播规律，给出块系岩体的位移场、速度场、动能场的计算分析。第 5 章对摆型波传播过程中块系岩体动力响应进行了试验研究，包括摆型波与纵波传播特征对比、局部岩块断裂及弱介质变化对摆型波传播的影响。第 6 章给出了基于摆型波理论的巷道吸能防冲控制研究，分析了摆型波对巷道的冲击响应，提出围岩与支护统一吸能防冲理论。

特别感谢恩师辽宁工程技术大学原校长潘一山教授、中国矿业大学窦林名教授、俄罗斯科学院西伯利亚分院矿业研究所 Oparin V. N. 院士的指导和帮助。感谢国家自然科学基金面上项目（51874163）、国家自然科学基金青年科学基金项目（51404129）、中国博士后科学基金面上项目（2017M611951）、辽宁省"兴辽英才计划"项目（XLYC2007021）的资助。感谢翟翠霞教授、Chanyshev A. I. 教授、Aleksandrova N. I. 教授、戚承志教授、李杰教授等给予帮助和支持的同行专家。感谢我的学生薛佳琪、吴佳成、吴少弘、周祎、徐伟刚、史濮瑞、陈婷婷、杨程聆、武斌、张尉等，他们在本书研究及文献资料搜集整理过程中参与了大量工作。感谢中国矿业大学出版社对本书出版给予的大力支持。在撰写过程中参考了国内外学者的文献，谨向文献作者表示感谢。

由于作者水平所限，书中难免存在不足之处，敬请读者不吝指正。

著　者

2022 年 12 月

目　　录

1　绪　　论

1.1　问题的提出及研究意义

我国岩石动力学研究最早可以追溯到 20 世纪 60 年代初大冶铁矿边坡稳定性研究中的爆破动力效应试验。比较全面地开展岩石动力学研究应该始于 1965 年,国家科委与国防科委同意成立防护工程组,并将"防护工程建设与研究"增列为十年规划中的国家重点项目,从而奠定了我国岩石动力学研究的基础[1]。岩石动力学研究涵盖水利水电、能源矿山、煤炭石油、铁路交通、建筑国防等方面。冲击地压是典型的采矿诱发的煤岩动力灾害,岩体的动力传播规律研究对认识冲击地压灾害具有重要意义。目前,随着煤矿开采深度的增加,我国发生冲击地压的矿井数量不断增加,冲击地压矿井分布地域变广,各种开采地质条件下都发生过冲击地压,巷道冲击地压现象急剧增加[2]。因此,探索岩石动力学的新特征对研究深部冲击地压问题具有重要意义。

由于深部岩体的结构特点、变形特点、高应力状态等,使其表现为非均匀、非连续及自平衡应力存在状态,由此引发的一些力学现象用传统的连续介质力学不能给出很好的解释,从而引起国内外学者广泛关注[3-22]。Kurlenya[23-25]发现岩体在爆炸作用下产生信号交错变化的现象,由此推测岩体中的动力传播可能存在一种新的非线性弹性波并称其为摆型波,图 1-1 为从实测波形中分离出来的摆型波波形曲线。其中,t_p 和 t_s 分别为纵波和横波到达时间,t_μ 为摆型波到达时间,t_* 为摆型波记录时间,V_p 和 V_s 分别为纵波和横波波速,纵坐标为位移幅值,用电压表示。在块系介质冲击响应试验及深部爆炸和岩爆时的波谱分析均证明了摆型波的存在及具有的非线性低频低速特性。深部岩体具有一系列新的静力和动力特征科学现象,如摆型波、超低摩擦、准共振、分区碎裂化等,正在形成岩石力学新的分支——深部非线性岩体力学。针对深部岩体构造特性,Sadovsky[26]提出了深部岩体等级块系构造理论,认为深部岩体是由不同等级的具有软弱力学特性的裂隙所分割的块体结构,等级块系岩体集合满足一定的序列关系。戚承志等[27]对深部岩体的构造层次及其成因进行了分析。由于经典连续介质力学的波动理论忽略了岩体的构造和应力状态,无法圆满解释摆型波现象,为了在理论上解释该现象,建立了如图 1-2 的自应力等级块系岩体模型并分析了摆型波的传播[28-29]。摆型波以较低的频率和较大的幅值在块系岩体中低频低速传播使岩体具有一些新的动力特征[30]。钱七虎[3]给出了摆型波对预测冲击地压有价值的三个临界动力特征参数 $\varphi、\varphi_1、\varphi_2$ 及其物理意义。摆型波现象集中反映了深部块系岩体的非协调、非连续动力学特性,其传播过程中的非线性低频低速特性可以直接引发深部岩体冲击地压动力灾害。通过岩体动力传播的摆型波理论研究,对认识深部岩体冲击地压动力灾害具有重要意义。

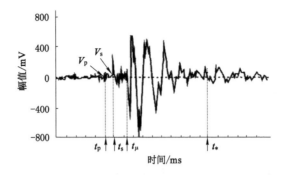

图 1-1 地下爆炸时典型的摆形波波形曲线

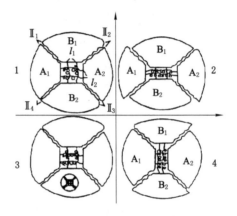

图 1-2 自应力等级块系岩体模型

1.2 块系岩体的摆型波理论研究现状

（1）国外研究进展

摆型波理论研究重点在于建立等效的块系波动模型。Kurlenya 等[31]用类似于钟摆的振动方程来描述摆型波运动，如式（1-1）。

$$\frac{\mathrm{d}^2 Q}{\mathrm{d}t^2} + 2\lambda \frac{\mathrm{d}Q}{\mathrm{d}t} + \omega_0^2 Q = F(t - t_0) \tag{1-1}$$

其中，Q 为摆型波引发的振动位移。

Slepyan 等[32-34]、Kurlenya 等[35]和 Oparin 等[36]分别对由线性和非线性弹簧以及弹性块体组成的周期块体系统动力传播过程进行了建模分析，对波的传播特性、波谱特征以及非驻波过程等进行了初步的理论分析。

Aleksandrova 等[37-39]给出了块体间具有黏弹性介质的一维动力模型，分析了块体间的夹层力学性质对动力传播的影响以及波动传播过程的频散关系。

Sher 等[40]研究了摆型波在二级周期弹性结构中的传播规律，发现了低频摆型波和高频摆型波，同时确定了它们的传播速度。

Aleksandrova 等[41-44]基于理论模型研究了摆型波传播的时频特性,并指出摆型波传播频谱分布依赖于介质的共振频率,且摆型波在不同方向上传播速度差异较大。

Saraikin 等[45-48]建立了块系岩体的二维动力学方程,分析了二维模型中的摆型波传播规律,指出二维岩体模型中同样会出现准共振现象。

Sadovskii 等[49]基于分段均匀弹性材料的动力学方程,模拟了摆型波在含有软弱介质夹层块系岩体中的传播过程。

Aleksandrova[21,43]基于三维块系介质模型,研究了半空间在瞬时载荷作用下的动力响应,分析了波动传播的频散效应,并指出波的传播速度及衰减与块体的质量及夹层性质等有关。

Oparin[50]在等级块系高应力地质块体结构中,分析了 Langmuir(朗缪尔)方程和摆型波运动学表达式的关系。

(2)国内研究进展

王明洋等[51-52]基于两个块体的运动方程分析了块系岩体介质的变形与运动特性,得出岩体中的残留应力大小不仅由变形增降决定,也由所研究的构造集合体的变形模量差值确定。

潘一山等[53]基于块系岩体动力学模型,研究了岩块尺度对动力传播的影响,得出块系介质波动传播呈低频低速特征,且块体尺度等级越高,传播速度越慢。

王凯兴等[54-55]研究了块体间软弱介质的黏弹性特性对波动传播的影响并进行了反演分析,为一定区域内非连续块系岩体结构间的力学性能判断提供依据。

王凯兴等[56-57]从能量传递和耗散的角度分析块系岩体的能量变化,指出块系岩体的能量传递在初始端以动能耗散为主,末端以势能耗散为主。

朱守东等[58]基于一维块系岩体中摆型波传播动力模型,分析了块体系统在不同刚度、黏度及块体尺度情况下的能量转化和耗散规律。

姜宽等[59-61]研究了块系岩体间夹层刚度变化时的摆型波传播规律,并分析了对频率响应的影响。

潘一山等[62]从块系岩体摆型波动力传播过程分析了超低摩擦的发生机理,给出块系岩体超低摩擦的发生判据。

王洪亮等[63]建立了块系岩体动力学模型,通过理论分析和数值计算对超低摩擦效应产生的机制进行了初步探索。

吴昊等[64]基于一维块系岩体动力模型对块体的水平位移进行了分析,得出超低摩擦产生的力学条件为法向冲击与水平冲击时间满足一定的序列关系,且依赖于法向应力重分布与块体间的动摩擦系数。

蒋海明等[65]根据块系岩体等效质量-黏弹性模型,引入岩石摩擦滑移速率,分析了块体间的黏弹性和水平剪切力对超低摩擦效应的影响。

李杰等[66]分析了动力冲击作用下的岩块运动,指出在距离爆炸较远处可能发生由于岩体的块体结构和力矩导致的不同尺寸块体的旋转和平动,形成断层错动的人工地震效应。

目前,块系岩体摆型波理论研究主要集中在摆型波的产生机理及动力学模型建立、传播规律等方面,对于摆型波传播过程中块系岩体的特征科学现象与岩体动力灾害的关系有待进一步从理论上进行研究。

1.3 块系岩体的摆型波试验研究现状

（1）国外研究进展

通过试验手段来研究深部块系岩体动力传播特性已成为重要的途径，并取得了一系列研究成果。Kurlenya 等[67-70]在多个深部矿区岩爆、地震、大当量地下爆炸试验中观测到摆型波现象，并综合多次岩爆记录波谱分析了深部地质块系岩体中的应力波传播特性；基于现场观测在实验室进行了相似材料（玻璃和硅酸盐）块体模型冲击试验并证明了摆型波现象的存在，并对块系介质的低频准共振和摆型波产生的地质力学条件进行了定性试验研究。

Aleksandrova 等[37-38,71-72]基于具有软弱夹层的块系介质模型在冲击作用下的应力波传播试验，证明了摆型波的存在；并指出摆型波波谱参数衰减率与夹层材料力学性质密切相关，同时观察到高频波显著衰减且随夹层刚度的增加传播距离变远等现象，给出了摆型波传播的波速数据。

Oparin 等[73]分析了弹性波在矿体-断裂带-矿体系统中传播时地震波包速度随脉冲输入能量的变化，发现地震波包的第一次到达与冲击能量之间的依赖关系符合摆型波的典型运动学关系。

Bagaev 等[74]在通过几次强烈地震事件后的激光变形监测，识别出摆型波并得到低速变形波的波速范围为 0.43~1.76 m/s。

Kiryaeva 等[75]发现在气体、岩石压力及构造应力等因素作用下，地震引起的非线性变形波的速度以 0.11~11 m/s 范围的摆波包形式传播。

Oparin 等[76]通过试验分析了天然地震和诱发地震产生的非线性弹性摆型波对库兹巴斯矿井气体动力学的影响。

Kurlenya 等[77]指出块系岩体的超低摩擦效应在地质块体进入准共振状态的势能释放过程起到关键作用。

Vostrikov 等[78]基于试验分析了块体在动、静载荷作用下的滑移位移，探讨了块体界面特性对超低摩擦发生规律的影响。

Toro 等[79]通过试验模拟了滑移速度与摩擦阻力的关系，发现随着滑移速度的增加，摩擦阻力明显下降。

Tarasov 等[80]提出了深部断层的固有性质会使剪切裂缝产生低摩擦效应，并用此机制解释了地震和岩爆会释放高能量。

（2）国内研究进展

王凯兴等[81-82]通过块系岩体模型试验分析了摆型波与纵波传播的区别以及块体间软弱夹层介质对摆型波传播的影响。

李杰等[83-85]指出与岩体构造层次相关的摆型波的理论预测和试验验证正逐渐形成非线性岩石力学的重要研究方向，提出了实际地质介质对外部动力效应响应的物理试验模型，并开发了相关的试验仪器及测量系统。

贾宝新等[86]采用花岗岩块体和橡胶夹层组成块系岩体系统施加冲击载荷，获得了块体间夹层变化下的块体加速度响应和衰减规律。

王德荣等[87]研究了深部岩体动态特性试验系统，该试验系统可以研究深部岩体的摆型波、超低摩擦和准共振等特殊力学现象。

吴昊等[88]对不同特征尺寸的花岗岩和水泥砂浆块系模型以及连续块体模型进行了一维冲击试验研究,块体的加速度幅值随冲击能量的提高呈近似线性增加且幅值随块体个数的增加呈一阶指数衰减,冲击能量仅改变加速度的波谱密度幅值且对极值频率没有影响。

王洪亮等[63]通过对块系岩体动力特性分析得出,在刚体块系模型中法向力重分布与动摩擦系数变化时能较好地得出超低摩擦试验现象,且在法向冲击与切向冲击存在规律的时间延迟情况下,块体产生切向位移极大值。

李利萍等[89-90]分析了块系岩体的超低摩擦现象,在无水平静载的情况下对除工作块体外的岩体施加弱围压,得出随围压增大,波的衰减变慢,垂直加速度差值峰值呈波动变化趋势,且施加围压后超低摩擦效应发生时刻提前。

许琼萍等[91]通过试验建立了冲击能与特征摩擦力及摩擦系数之间的关系,并确定了产生摩擦减弱效应和超低摩擦效应的特征条件。

何满潮等[92]基于超低摩擦效应试验,利用二维数字图像测试系统对模型表面位移进行了监测,研究了块系花岗岩在静、动载荷同时作用下的变化特性。

蒋海明等[93]通过试验分析了一维块系花岗岩块体模型在冲击振动条件下波传播的频谱、振幅特征。

Liu等[94]基于块系花岗岩超低摩擦试验,得到在正弦波扰动下,块体运动状态出现滑动—稳定—滑动的状态,对应的摩擦力呈减小—增大—减小变化。

摆型波的试验研究主要集中在证实摆型波的存在和产生机理、传播规律及相关特征现象如超低摩擦、准共振等方面,摆型波传播与实际岩体工程诱灾机制相结合的试验研究存在明显不足。

2 摆型波传播过程中块系岩体动力响应理论分析

2.1 块系岩体动力传播衰减分析

2.1.1 摆型波传播块系岩体动力响应理论模型

Aleksandrova 等[39]依据 Sadovsky[26]提出的岩体等级块系构造理论给出了块系岩体摆型波传播动力模型,如图 2-1 所示。其中,m_i 为非连续岩块质量,块体间具有的软弱连接介质,简化为黏弹性介质其弹性系数为 k_i,阻尼系数为 c_i。岩块相比于块体间的软弱连接介质可抽象为刚体,整个块系岩体由 n 个岩块组成,外界冲击扰动为 $f(t)$,各岩块位移为 x_i。

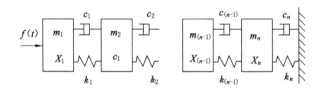

图 2-1　块系岩体摆型波传播动力模型

基于图 2-1 的模型,摆型波传播过程中块系岩体的动力响应微分方程矩阵形式见式(2-1)。

$$M\ddot{x}(t) + C\dot{x}(t) + Kx(t) = F(t) \tag{2-1}$$

其中,M 为块系岩体质量矩阵,C 为阻尼矩阵,K 为刚度矩阵,可表示为:

$$C = \begin{bmatrix} c_1 & -c_1 & & & & \\ -c_1 & (c_1+c_2) & -c_2 & & & \\ & \ddots & \ddots & \ddots & & \\ & & -c_{i-1} & (c_{i-1}+c_i) & -c_i & \\ & & & \ddots & \ddots & \ddots & -c_{n-1} \\ & & & & -c_{n-1} & (c_{n-1}+c_n) \end{bmatrix}$$

$$K = \begin{bmatrix} k_1 & -k_1 & & & & \\ -k_1 & (k_1+k_2) & -k_2 & & & \\ & \ddots & \ddots & \ddots & & \\ & & -k_{i-1} & (k_{i-1}+k_i) & -k_i & \\ & & & \ddots & \ddots & \ddots & -k_{n-1} \\ & & & & -k_{n-1} & (k_{n-1}+k_n) \end{bmatrix}$$

$$\boldsymbol{M} = \begin{bmatrix} m_1 & & & \\ & m_2 & & \\ & & \ddots & \\ & & & m_n \end{bmatrix}$$

$x = [x_1, \cdots, x_n]^{\mathrm{T}}$ 为块系岩体的位移向量，$\boldsymbol{F}(t) = [f(t), 0, \cdots, 0]^{\mathrm{T}}$ 为外界扰动。式(2-1)可写成：

$$\begin{bmatrix} \boldsymbol{C} & \boldsymbol{M} \\ \boldsymbol{M} & 0 \end{bmatrix} \begin{bmatrix} \dot{x} \\ \ddot{x} \end{bmatrix} + \begin{bmatrix} \boldsymbol{K} & 0 \\ 0 & -\boldsymbol{M} \end{bmatrix} \begin{bmatrix} x \\ \dot{x} \end{bmatrix} = \begin{bmatrix} \boldsymbol{F}(t) \\ 0 \end{bmatrix} \tag{2-2}$$

令 $\boldsymbol{y}(t) = [x(t) \ \dot{x}(t)]^{\mathrm{T}}$，于是式(2-2)可写成：

$$\boldsymbol{A}\dot{\boldsymbol{y}}(t) + \boldsymbol{B}\boldsymbol{y}(t) = \tilde{f}(t) \tag{2-3}$$

其中，$\boldsymbol{A} = \begin{bmatrix} \boldsymbol{C} & \boldsymbol{M} \\ \boldsymbol{M} & 0 \end{bmatrix}$，$\boldsymbol{B} = \begin{bmatrix} \boldsymbol{K} & 0 \\ 0 & -\boldsymbol{M} \end{bmatrix}$，$\tilde{f}(t) = \begin{bmatrix} \boldsymbol{F}(t) \\ 0 \end{bmatrix}$。那么，在初始瞬时脉冲扰动 $f(t)$ 下，方程(2-1)的解为：

$$\boldsymbol{y}(t) = [x_1(t), \cdots, x_n(t), \dot{x}_1(t), \cdots \dot{x}_n(t)]^{\mathrm{T}} = \boldsymbol{\Phi}dq_0 \tag{2-4}$$

在式(2-4)中，矩阵 $\boldsymbol{\Phi} = [\phi_1, \cdots, \phi_{2n}]$ 由状态空间中 $2n$ 阶非对称实矩阵 $\boldsymbol{B}^{-1}\boldsymbol{A}$ 的广义特征向量 ϕ_i 所张成，即 $\boldsymbol{B}^{-1}\boldsymbol{A}\phi_i = \phi_i / \lambda$。$\boldsymbol{d} = \mathrm{diag}(\mathrm{e}^{\lambda_1 t}, \mathrm{e}^{\lambda_2 t}, \cdots, \mathrm{e}^{\lambda_{2n} t})$，$\lambda_i$ 为对应于广义特征向量 ϕ_i 的特征值。$q_0 = a^{-1}\boldsymbol{\Phi}^{\mathrm{T}}\boldsymbol{A}\boldsymbol{y}(0)$，$a = \boldsymbol{\Phi}^{\mathrm{T}}\boldsymbol{A}\boldsymbol{\Phi} = \mathrm{diag}(a_1, a_2, \cdots, a_{2n})$，$\boldsymbol{y}(0)$ 为初始条件，其中，$x_i(0) = 0(i = 1, \cdots, n)$，$\dot{x}_1(0) = v(i = 2, \cdots, n)$。因此，向量 $\boldsymbol{y}(t)$ 的前 n 行是各岩块的位移响应，后 n 行是各岩块的速度响应。

将各岩块的加速度响应进行 Fourier(傅立叶)变换可得岩块加速度的频域响应，即

$$F_i(\omega) = \int_{-\infty}^{+\infty} \ddot{x}_i(t) \mathrm{e}^{-j\omega t} \mathrm{d}t \quad (i = 1, \cdots, n) \tag{2-5}$$

其中，$\ddot{x}_i(i = 1, \cdots, n)$ 为各岩块的加速度响应。频域响应的中心频率可由式(2-6)计算。

$$<\omega> = \frac{1}{E} \cdot \int \omega \cdot |F_i(\omega)|^2 \mathrm{d}\omega \tag{2-6}$$

其中，$E = \int |F_i(\omega)|^2 \mathrm{d}\omega$。频域响应的带宽可由式(2-7)计算。

$$\sigma_\omega = \left[\int (\omega - <\omega>)^2 |F_i(\omega)|^2 \mathrm{d}\omega \right]^{\frac{1}{2}} \tag{2-7}$$

因此，块系岩体中岩块的加速度频域响应主要集中在频带 $2\sigma_\omega$ 内。

2.1.2 岩块尺度对动力传播衰减的影响

摆型波传播衰减与岩块尺度有密切联系，同时岩块尺度也反映出岩体的节理发育情况，为此，研究块系岩体等级对摆型波传播的影响。块系岩体中岩块尺度计算公式[26]为：

$$\Delta_i = (\sqrt{2})^{-i}\Delta_0 \quad (i = 0, 1, 2, \cdots) \tag{2-8}$$

这里归一化取 $\Delta_0 = 1$，由式(2-8)可知，当 $i = 4$、6、8 时，第4、第6和第8级块系岩体中的岩块尺度参数如表2-1所示。

表 2-1 不同等级块系岩体中的岩块尺度参数

等级 i	块数	每块质量/kg	总质量/kg	初始扰动速度/(m/s)	扰动能量/J
4	4	2.500	10	2	5
6	8	1.250	10	$2\sqrt{2}$	5
8	16	0.625	10	4	5

分析摆型波在不同等级块系岩体中传播时,岩块的加速度响应。选取计算参数如下: $c_i=20\ \mathrm{kg/s}$, $k_i=1\times10^5\ \mathrm{kg/s^2}$, 初始冲击能量为 5 J, 令块系岩体的总质量为 10 kg, 由能量守恒可得不同等级块系岩体下岩块的初始扰动速度, 见表 2-1。由式(2-4)计算不同等级块系岩体中始端第二块(表示为 i-A)和末端第二块(表示为 i-B)的加速度响应。当 $i=4$ 时, 岩块加速度的时域和频域曲线分别见图 2-2 和图 2-3。当 $i=6$ 时, 岩块加速度的时域和频域曲线分别见图 2-4 和图 2-5。当 $i=8$ 时, 岩块加速度的时域和频域曲线分别见图 2-6 和图 2-7。

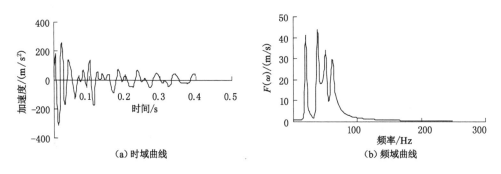

(a) 时域曲线　　　　　　　　(b) 频域曲线

图 2-2 4-A 岩块加速度的时域和频域曲线

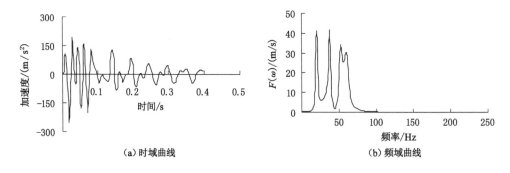

(a) 时域曲线　　　　　　　　(b) 频域曲线

图 2-3 4-B 岩块加速度的时域和频域曲线

从图 2-2 至图 2-7 可以看出,当岩块尺度变小时,末端岩块(i-B)对扰动的初始响应时间延迟较长,此时摆型波传播速度较慢。相比于在 Δ_0 连续介质中传播的 P 波和 S 波,摆型波在传播过程中表现出一种低速传播的特性,且岩块尺度越小,传播速度越慢。同时,在频域内,同一等级的块系岩体中,随着波动传播距离的增加,岩块加速度频域响应的中心频率向

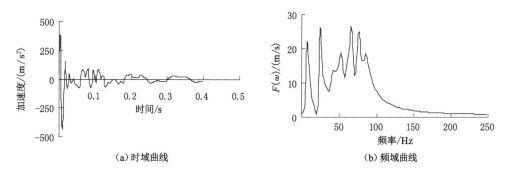

图 2-4　6-A 岩块加速度的时域和频域曲线

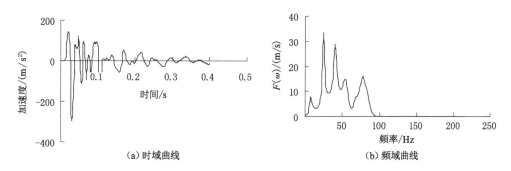

图 2-5　6-B 岩块加速度的时域和频域曲线

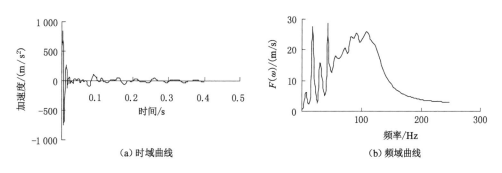

图 2-6　8-A 岩块加速度的时域和频域曲线

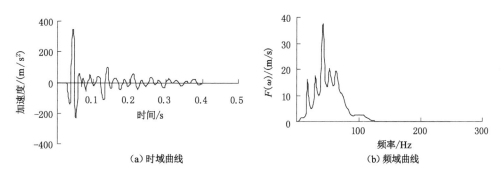

图 2-7　8-B 岩块加速度的时域和频域曲线

低频移动,带宽逐渐变窄,因此,摆型波具有低频传播特性,且岩块尺度越小(即等级越高),低频传播的趋势越明显。岩块中心频率和带宽见表2-2。

表2-2 岩块中心频率和带宽

块系岩体等级	中心频率/Hz	带宽/Hz
4-A	44.5	16.3
4-B	43.0	15.0
6-A	60.6	28.0
6-B	43.9	19.3
8-A	90.3	37.1
8-B	48.0	14.9

在不同等级块系岩体中,摆型波传播过程中各岩块加速度响应的首次峰值及时间域上的最值曲线,如图2-8所示。

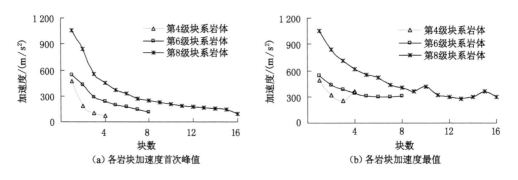

图2-8 不同等级块系岩体中岩块加速度首次峰值和最值曲线

由图2-8(a)可知,在相同的冲击能量下,岩块尺度越小(即等级越高)则端部岩块的加速度首次峰值越大。在不同等级块系岩体中岩块的加速度首次峰值均符合指数衰减规律,主要衰减区域集中在端部,同时岩块尺度越小衰减越快。由图2-8(b)可知,不同等级块系岩体中岩块的加速度最值衰减规律与首次峰值衰减规律基本相同。

2.1.3 块体间黏弹性性质对动力传播衰减的影响

下面分析块体间软弱介质的弹性或黏性变化时对摆型波传播的影响。采用21个岩块组成的块系岩体进行计算,原始计算参数为:$m_i = 0.5$ kg,$k_i = 1 \times 10^5$ kg/s^2,$c_i = 20$ kg/s($i=1,\cdots,21$)。初始条件为:$x_i(0)=0$($i=1,\cdots,21$),$\dot{x}_1=1$ m/s,$\dot{x}_i(0)=0$($i=2,\cdots,21$)。分别计算块系岩体的始端区域和末端区域中间岩块即第4块(表示为块体a)和第18块(表示为块体b)的加速度响应进行对比分析。

(1)块体间阻尼对波动传播的影响

① 块体间黏性系数增加1倍,$c_i = 40$ kg/s($i=1,\cdots,21$),其余计算参数不变,则块体a和块体b的加速度响应如图2-9所示,各块体加速度的正摆和负摆幅值(正向最大值和负向

最大值)如图 2-10 所示。

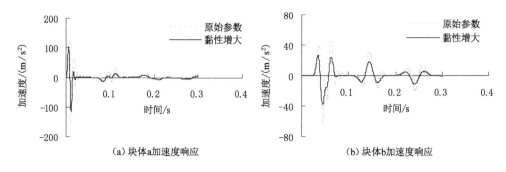

（a）块体a加速度响应 （b）块体b加速度响应

图 2-9 块体间黏性增大时块体加速度响应

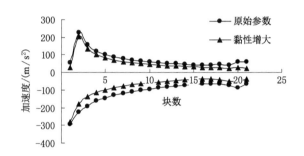

图 2-10 块体间黏性增大时块体加速度正摆和负摆幅值

由图 2-9 可知，块体 a 和块体 b 的加速度幅值均下降且末端块体 b 的幅值下降明显，但对块体加速度衰减周期无影响。由图 2-10 可知，随传播距离的增加，块体的加速度正摆和负摆幅值具有近似对称变化特性。正摆幅值在第二块出现峰值，之后呈指数衰减，负摆幅值则从初始岩块开始就呈指数衰减。当块体间黏性增大 1 倍时，正负摆幅均有所下降，但整体变化趋势不变。

块体 a 和块体 b 的加速度频域响应，如图 2-11 所示。

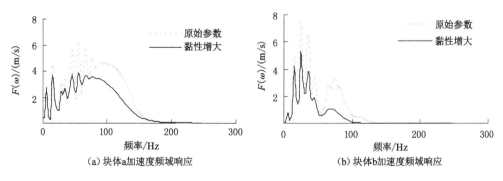

（a）块体a加速度频域响应 （b）块体b加速度频域响应

图 2-11 块体间黏性增大时块体加速度频域响应

由图 2-11 可知，当块体间黏性增大时，块体 a 的加速度频域响应范围没有变化，但块体 b 的加速度频域响应范围在相对高频部分略有缩小。同时，块体 a 和块体 b 的谐波密度幅值均下降且高频部分下降明显。

② 块体间黏性系数周期性增大,$c_{2i+1}=20$ kg/s,$c_{2i+2}=40$ kg/s$(i=0,\cdots,n)$,其余计算参数不变,则块体 a 和块体 b 的加速度响应如图 2-12 所示,各块体加速度的正摆和负摆幅值如图 2-13 所示。

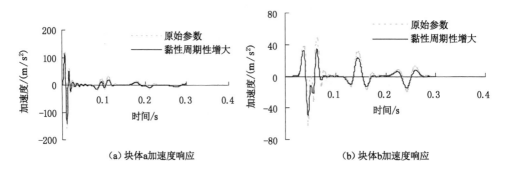

图 2-12　块体间黏性周期性增大时块体加速度响应

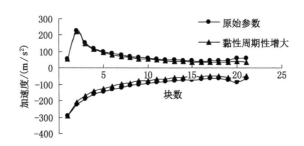

图 2-13　块体间黏性周期性增大时块体加速度正摆和负摆幅值

由图 2-12 可知,块体 a 和块体 b 的加速度幅值均下降,但相比于图 2-9,其下降幅度较小。同样地,块体间黏性周期性增大对块体加速度衰减周期无影响。由图 2-13 可知,各块体加速度的正、负最大值变化趋势不变但略有下降,且相比于图 2-10 下降幅度较小。

块体 a 和块体 b 的加速度频域响应如图 2-14 所示。

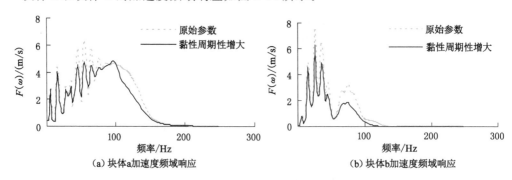

图 2-14　块体间黏性周期性增大时块体加速度频域响应

由图 2-14 可知,当块体间黏性周期性增大时,块体 a 和块体 b 的加速度频域响应范围几乎保持不变,但谐波幅值有所下降。相比于图 2-11,黏性周期性增大时谐波幅值下降较小。

（2）块体间弹性对波动传播的影响

① 当块体间弹性系数减小 50%，$k_i=0.5\times10^5$ kg/s^2（$i=1,\cdots,21$），其余计算参数不变，则块体 a 和块体 b 的加速度响应如图 2-15 所示。各块体加速度的正摆和负摆幅值如图 2-16 所示。

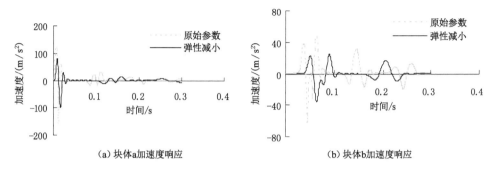

图 2-15　块体间弹性减小时块体加速度响应

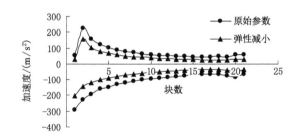

图 2-16　块体间弹性减小时块体加速度正摆和负摆幅值

由图 2-15 可知，块体 a 和块体 b 的加速度幅值均下降，同时块体 a 和块体 b 的加速度衰减周期变大，加速度峰值延后。由图 2-16 可知，各块体加速度的正、负最大值变化趋势不变，但变化幅度有所下降。块体 a 和块体 b 的加速度频域响应如图 2-17 所示。

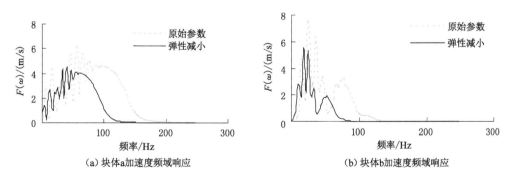

图 2-17　块体间弹性减小时块体加速度频域响应

由图 2-17 可知，块体 a 和块体 b 的频域响应范围均明显变小，并向低频平移，同时谐波幅值下降。

② 块体间弹性系数周期性减小，$k_{2i+1}=1\times10^5$ kg/s^2，$k_{2i+2}=0.5\times10^5$ kg/s^2（$i=0,\cdots,n$），

其余计算参数不变,则块体 a 和块体 b 的加速度响应如图 2-18 所示,各块体加速度的正摆和负摆幅值如图 2-19 所示。

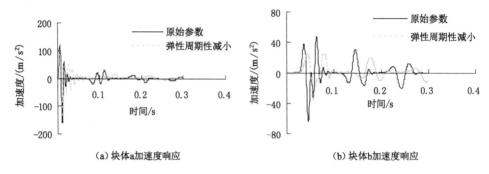

(a) 块体a加速度响应 (b) 块体b加速度响应

图 2-18　块体间弹性周期性减小时块体加速度响应

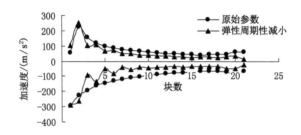

图 2-19　块体间弹性周期性减小时块体加速度正摆和负摆幅值

由图 2-18 可知,块体 a 和块体 b 的加速度幅值均下降,同时衰减周期变大,加速度峰值延后,但相比于图 2-15,衰减周期相对较小。由图 2-19 可知,在块系岩体的前半部分加速度的正、负最大值均出现波动且负值波动较大,随传播距离的增大,块体的摆幅均小于原始参数计算下的摆幅值。

块体 a 和块体 b 的加速度频域响应如图 2-20 所示。

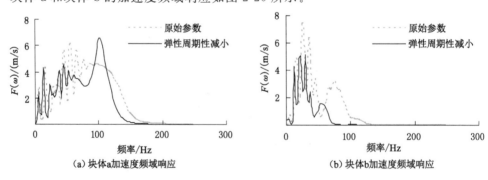

(a) 块体a加速度频域响应 (b) 块体b加速度频域响应

图 2-20　块体间弹性周期性减小时块体加速度频域响应

由图 2-20 可知,块体 a 的加速度频域响应范围几乎没有变化,但相对高频谐波部分出现突增,块体 b 的加速度频域响应范围明显变小且谐波幅值下降。

③ 块体间弹性系数梯级增大,$k_{i+1}=(0.5\times10^5+2\,500i)\,\mathrm{kg/s^2}\,(i=0,\cdots,20)$,即弹性系数由 $k_{i+1}=0.5\times10^5\,\mathrm{kg/s^2}$ 呈等差数列逐渐增大到 $1\times10^5\,\mathrm{kg/s^2}$,其余计算参数不变,则块体 a 和

块体 b 的加速度响应如图 2-21 所示,各块体加速度的正摆和负摆幅值如图 2-22 所示。

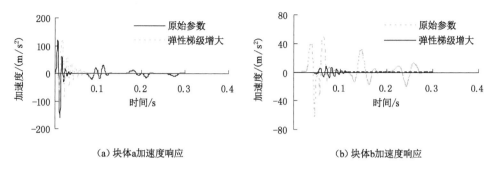

（a）块体 a 加速度响应　　　　　　　　　（b）块体 b 加速度响应

图 2-21　块体间弹性梯级增大时块体加速度响应

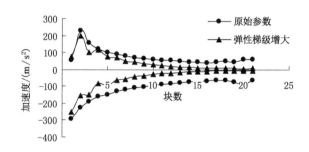

图 2-22　块体间弹性梯级增大时块体加速度正摆和负摆幅值

由图 2-21 可知,块体 a 和块体 b 的加速度响应均出现对称波动且迅速衰减。块体 a 的加速度峰值明显延后,同时末端块体 b 的加速度幅值衰减明显。由图 2-22 可知,各块体的加速度正、负最大值在块系岩体的端部出现波动,波动后幅值呈对称的指数形式迅速衰减。

块体 a 和块体 b 的加速度频域响应如图 2-23 所示。

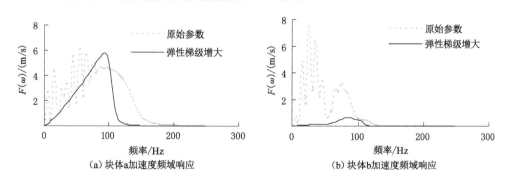

（a）块体 a 加速度频域响应　　　　　　　　（b）块体 b 加速度频域响应

图 2-23　块体间弹性梯级增大时块体加速度频域响应

由图 2-23 可知,块体 a 和块体 b 的加速度频域响应与变化前有较大的区别,频域曲线变得光滑且近似对称变化。同时,块体 a 和块体 b 的谐波幅值总体下降,块体 b 的频率密度幅值下降明显,但块体 a 出现频率密度突增现象。

块体间具有不同黏弹性性质时,块体 a 和块体 b 的加速度频域响应中心频率和带宽特征见表 2-3。

表 2-3　块体中心频率和带宽

块体间性质变化	块体 a 中心频率/Hz	块体 a 带宽/Hz	块体 b 中心频率/Hz	块体 b 带宽/Hz
原始参数	80.6	31.4	42.1	22.3
黏性增大	71.8	30.4	31.4	14.5
黏性周期性增大	77.3	29.4	36.2	18.9
弹性减小	54.8	21.3	26.1	13.2
弹性周期性减小	79.1	30.4	27.0	12.0
弹性梯级增大	79.2	18.5	83.1	15.2

从表 2-3 可知,块体 a 的中心频率及带宽变化特征为:当块体间弹性减小时中心频率最低;弹性梯级增大时带宽最窄;黏性增大时带宽接近原始带宽但中心频率下降;黏性周期性增大和弹性周期性减小时,中心频率和带宽都与原始计算值接近但弹性周期性变化时更加接近。块体 b 的中心频率及带宽变化特征为:块体间弹性减小时中心频率最低,同时带宽明显变小;弹性周期性减小时带宽最小,同时中心频率下降明显;弹性梯级增大时,中心频率变大且带宽变窄;黏性增大和黏性周期性增大时中心频率和带宽均有所下降,但黏性增大时下降较多。

2.2　块系岩体的能量传递与耗散

2.2.1　块系岩体中能量传递理论分析

块体间软弱介质的黏弹性性质是影响摆型波传播能量传递与耗散的主要原因。针对摆型波传播过程的能量传递与耗散,从理论上进行分析。由于岩块相比于块体间软弱连接介质抽象为刚体,所以在波动传播过程中岩块只具有动能。若第 i 块岩块的速度为 $\dot{x}_i$,则在能量传递过程中第 i 块岩块及整个块系岩体的动能分别见式(2-9)和式(2-10)。

$$E_{k(i)}(t) = \frac{1}{2} m_i \dot{x}_i^2(t) \quad (i = 1, \cdots, n) \tag{2-9}$$

$$E_k(t) = \frac{1}{2} \sum_{i=1}^{n} m_i \dot{x}_i^2(t) \tag{2-10}$$

令 $\boldsymbol{B}^{-1}\boldsymbol{A}\varphi = \frac{1}{\lambda}\varphi$ 的第 r 对共轭特征值为:$\lambda_r = -\beta_r + j\omega_r$ 和 $\bar{\lambda}_r = -\beta_r - j\omega_r(\beta_r、\omega_r > 0)$。

相应的共轭特征向量分别为 $\boldsymbol{\varphi}_r$ 和 $\bar{\boldsymbol{\varphi}}_r$。由微分方程基本理论可知,第 r 对共轭特征值和共轭特征向量引起的块系岩体运动见式(2-11)。

$$x_r(t) = \boldsymbol{\varphi}_r \mathrm{e}^{\lambda_r t} + \bar{\boldsymbol{\varphi}}_r \mathrm{e}^{\bar{\lambda}_r t} = 2\mathrm{e}^{-\beta_r t} \left[\mathrm{Re}(\boldsymbol{\varphi}_r) \cos\omega_r t - \mathrm{Im}(\bar{\boldsymbol{\varphi}}_r) \sin\omega_r t \right] \tag{2-11}$$

式(2-11)可简化为式(2-12),即

$$x_r(t) = \mathrm{e}^{-\beta_r t} \begin{bmatrix} a_{1r}\cos(\omega_r t + \theta_{1r}) \\ \vdots \\ a_{nr}\cos(\omega_r t + \theta_{nr}) \end{bmatrix} \tag{2-12}$$

其中,$a_{ir} = 2\sqrt{\mathrm{Re}^2(\boldsymbol{\varphi}_{ir}) + \mathrm{Im}^2(\boldsymbol{\varphi}_{ir})}$,$\theta_{ir} = \arctan\left[\dfrac{\mathrm{Im}(\boldsymbol{\varphi}_{ir})}{\mathrm{Re}(\boldsymbol{\varphi}_{ir})}\right]$,$i = 1, \cdots, n$。对具有 n 个岩块

的块系岩体而言,共有 n 对共轭特征值和相应的共轭特征向量,因此,块系岩体中岩块的位移向量见式(2-13)。

$$\boldsymbol{x} = \sum_{r=1}^{n} x_r \tag{2-13}$$

岩块 x_i 的位移和速度见式(2-14)和式(2-15)。

$$x_i = \sum_{r=1}^{n} x_{ir} = \sum_{r=1}^{n} e^{-\beta_r t} a_{ir} \cos(\omega_r t + \theta_{ir}) \tag{2-14}$$

$$\dot{x}_i = \sum_{r=1}^{n} - e^{-\beta_r t} b_{ir} \cos(\omega_r t + \theta_{ir} - \theta'_{ir}) \tag{2-15}$$

其中,$b_{ir} = \sqrt{(\beta_r a_{ir})^2 + (\omega_r a_{ir})^2}$,$\theta'_{ir} = \arctan\left(\dfrac{\omega_r}{\beta_{ir}}\right)$,$i = 1, \cdots, n$。整个块系岩体的动能见式(2-16)。

$$E_k = \frac{1}{2} \sum_{i=1}^{n} m_i \Big[\sum_{r=1}^{n} (\lambda_r \boldsymbol{\varphi}_{ir} e^{\lambda_r t} + \bar{\lambda}_r \boldsymbol{\varphi}_{ir} e^{\bar{\lambda}_r t}) \Big]^2 = \frac{1}{2} \sum_{i=1}^{n} m_i \Big[\sum_{r=1}^{n} e^{-\beta_r t} b_{ir} \cos(\omega_r t + \theta_{ir} - \theta'_{ir}) \Big]^2 \tag{2-16}$$

块体间软弱介质部分视为可变形体,其能量主要表现为软弱介质的变形而引起的弹性势能,模型如图 2-24 所示。

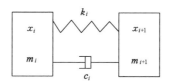

图 2-24　具有黏弹性连接的相邻块体模型

在块体运动过程中,块体间的软弱介质变形取决于相邻块体间的相对位移。令 $f_i(t)$ 为块体 m_i 与 m_{i+1} 之间软弱介质的外部动载,主要考虑介质弹性,则 $f_i(t)$ 可表示为式(2-17)。

$$f_i(t) = k_i \cdot \Delta x_i \tag{2-17}$$

其中,Δx_i 可表示为式(2-18)。

$$\Delta x_i = x_i - x_{i+1} \tag{2-18}$$

因此,在摆型波传播过程中,块体 m_i 和 m_{i+1} 之间软弱介质的势能及整个块系岩体的势能见式(2-19)和式(2-20)。

$$E_{p(i)}(t) = \int_0^{\Delta x_i} f_i(t) \mathrm{d}(\Delta x_i) = \frac{1}{2} k_i \cdot \Delta x_i^2 \tag{2-19}$$

$$E_p(t) = \frac{1}{2} \sum_{i=1}^{n} k_i \cdot \Delta x_i^2 \tag{2-20}$$

由式(2-14)和式(2-18)可知,Δx_i 可表示为式(2-21)。

$$\Delta x_i = \sum_{r=1}^{n} e^{-\beta_r t} a_{ir} \cos(\omega_r t + \theta_{ir}) - \sum_{r=1}^{n} e^{-\beta_r t} a_{i+1,r} \cos(\omega_r t + \theta_{i+1,r}) \tag{2-21}$$

由式(2-20)和式(2-21)可知整个块系岩体的势能,见式(2-22)。

$$E_p = \frac{1}{2} \sum_{i=1}^{n} k_i \Big[\sum_{r=1}^{n} (\boldsymbol{\varphi}_{ir} e^{\lambda_r t} + \overline{\boldsymbol{\varphi}}_{ir} e^{\overline{\lambda}_r t}) - \sum_{r=1}^{n} (\varphi_{i+1,r} e^{\lambda_r t} + \overline{\varphi}_{i+1,r} e^{\overline{\lambda}_r t}) \Big]^2$$

$$= \frac{1}{2} \sum_{i=1}^{n} k_i \Big[\sum_{r=1}^{n} e^{-\beta_r t} a_{ir} \cos(\omega_r t + \theta_{ir}) - \sum_{r=1}^{n} e^{-\beta_r t} a_{i+1,r} \cos(\omega_r t + \theta_{i+1,r}) \Big]^2$$

$$= \frac{1}{2} \sum_{i=1}^{n} k_i \Big[\sum_{r=1}^{n} e^{-\beta_r t} \sqrt{l_{ir}^2 + p_{ir}^2} \cos(\omega_r t + \theta''_{ir}) \Big]^2 \tag{2-22}$$

其中，$\theta''_{ir} = \arctan \dfrac{p_{ir}}{l_{ir}}$，$l_{ir} = (a_{ir}\cos\theta_{ir} - a_{i+1}\cos\theta_{i+1})$，$p_{ir} = (a_{ir}\sin\theta_{ir} - a_{i+1}\sin\theta_{i+1})$。

在摆型波传播过程，块系岩体的能量由动能和势能组成，任一时刻系统能量见式(2-23)。

$$W(t) = E_k(t) + E_p(t) \tag{2-23}$$

整个块系岩体的能量耗散 W_D 可表示为式(2-24)，即在时间历程上初始能量与实时能量的差值。

$$W_D = W_I - (E_k + E_p) \tag{2-24}$$

其中，W_I 为初始冲击能量。

从能量表达式(2-16)和式(2-22)可知，岩块质量及块体间黏弹性性质对能量传递与耗散有较大的影响。下面给出块系岩体参数对系统能量变化的影响分析。块系岩体局部质量变化对系统能量的影响见式(2-25)。

$$\frac{\partial(E_p + E_k)}{\partial m_i} = \frac{\partial E_k}{\partial m_i} + \frac{\partial(E_p + E_k)}{\partial \lambda_r} \cdot \frac{\partial \lambda_r}{\partial m_i} + \frac{\partial(E_p + E_k)}{\partial \overline{\lambda}_r} \cdot \frac{\partial \overline{\lambda}_r}{\partial m_i} + \frac{\partial(E_p + E_k)}{\partial \boldsymbol{\varphi}_{ir}} \cdot \frac{\partial \boldsymbol{\varphi}_{ir}}{\partial m_i} +$$

$$\frac{\partial(E_p + E_k)}{\partial \overline{\boldsymbol{\varphi}}_{ir}} \cdot \frac{\partial \overline{\boldsymbol{\varphi}}_{ir}}{\partial m_i} + \frac{\partial(E_p + E_k)}{\partial \varphi_{i+1,r}} \cdot \frac{\partial \varphi_{i+1,r}}{\partial m_i} + \frac{\partial(E_p + E_k)}{\partial \overline{\varphi}_{i+1,r}} \cdot \frac{\partial \overline{\varphi}_{i+1,r}}{\partial m_i} \tag{2-25}$$

其中，m_i 为第 i 块岩块的质量。块系岩体局部黏性变化对系统能量的影响见式(2-26)。

$$\frac{\partial(E_p + E_k)}{\partial c_{kl}} = \frac{\partial(E_p + E_k)}{\partial \lambda_r} \cdot \frac{\partial \lambda_r}{\partial c_{kl}} + \frac{\partial(E_p + E_k)}{\partial \overline{\lambda}_r} \cdot \frac{\partial \overline{\lambda}_r}{\partial c_{kl}} + \frac{\partial(E_p + E_k)}{\partial \boldsymbol{\varphi}_{ir}} \cdot \frac{\partial \boldsymbol{\varphi}_{ir}}{\partial c_{kl}} +$$

$$\frac{\partial(E_p + E_k)}{\partial \overline{\boldsymbol{\varphi}}_{ir}} \cdot \frac{\partial \overline{\boldsymbol{\varphi}}_{ir}}{\partial c_{kl}} + \frac{\partial(E_p + E_k)}{\partial \varphi_{i+1,r}} \cdot \frac{\partial \varphi_{i+1,r}}{\partial c_{kl}} + \frac{\partial(E_p + E_k)}{\partial \overline{\varphi}_{i+1,r}} \cdot \frac{\partial \overline{\varphi}_{i+1,r}}{\partial c_{kl}}$$

$$\tag{2-26}$$

其中，c_{kl} 为第 k 块和第 l 块间的黏性系数。块系岩体局部弹性性质变化对系统能量的影响见式(2-27)。

$$\frac{\partial(E_p + E_k)}{\partial k_{kl}} = \frac{\partial E_p}{\partial k_{kl}} + \frac{\partial(E_p + E_k)}{\partial \lambda_r} \cdot \frac{\partial \lambda_r}{\partial k_{kl}} + \frac{\partial(E_p + E_k)}{\partial \overline{\lambda}_r} \cdot \frac{\partial \overline{\lambda}_r}{\partial k_{kl}} + \frac{\partial(E_p + E_k)}{\partial \boldsymbol{\varphi}_{ir}} \cdot \frac{\partial \boldsymbol{\varphi}_{ir}}{\partial k_{kl}} +$$

$$\frac{\partial(E_p + E_k)}{\partial \overline{\varphi}_{i+r}} \cdot \frac{\partial \overline{\varphi}_{i+r}}{\partial k_{kl}} + \frac{\partial(E_p + E_k)}{\partial \varphi_{i+1,r}} \cdot \frac{\partial \varphi_{i+1,r}}{\partial k_{kl}} + \frac{\partial(E_p + E_k)}{\partial \overline{\varphi}_{i+1,r}} \cdot \frac{\partial \overline{\varphi}_{i+1,r}}{\partial k_{kl}}$$

$$\tag{2-27}$$

其中，k_{kl} 为第 k 块和第 l 块间的弹性系数。在式(2-25)~式(2-27)中，部分项可表示为式(2-28)~式(2-33)。

$$\frac{\partial E_k}{\partial \boldsymbol{\varphi}_{ir}} = \sum_{i=1}^{n} m_i \dot{x}_i \sum_{r=1}^{n} (\lambda_r e^{\lambda_r t} + \overline{\lambda}_r e^{\overline{\lambda}_r t}) \tag{2-28}$$

$$\frac{\partial E_k}{\partial \lambda_r} = \sum_{i=1}^{n} m_i \dot{x}_i \sum_{r=1}^{n} (\boldsymbol{\varphi}_{ir} \mathrm{e}^{\lambda_r t} + t\lambda_r \boldsymbol{\varphi}_{ir} \mathrm{e}^{\lambda_r t} + \overline{\boldsymbol{\varphi}}_{ir} \mathrm{e}^{\overline{\lambda}_r t} + t\overline{\lambda}_r \overline{\boldsymbol{\varphi}}_{ir} \mathrm{e}^{\overline{\lambda}_r t}) \qquad (2\text{-}29)$$

$$\frac{\partial E_p}{\partial \boldsymbol{\varphi}_{ir}} = \sum_{i=1}^{n} k_i \Delta x_i \sum_{r=1}^{n} (\mathrm{e}^{\lambda_r t} + \mathrm{e}^{\overline{\lambda}_r t}) = -\frac{\partial E_p}{\partial \varphi_{i+1,r}} \qquad (2\text{-}30)$$

$$\frac{\partial E_p}{\partial \lambda_r} = \sum_{i=1}^{n} k_i \Delta x_i \sum_{r=1}^{n} (t\boldsymbol{\varphi}_{ir} \mathrm{e}^{\lambda_r t} - t\varphi_{i+1,r} \mathrm{e}^{\lambda_r t}) \qquad (2\text{-}31)$$

$$\frac{\partial E_k}{\partial m_i} = \frac{1}{2} \Big[\sum_{r=1}^{n} (\lambda_r \boldsymbol{\varphi}_{ir} \mathrm{e}^{\lambda_r t} + \overline{\lambda}_r \overline{\boldsymbol{\varphi}}_{ir} \mathrm{e}^{\overline{\lambda}_r t}) \Big]^2 \qquad (2\text{-}32)$$

$$\frac{\partial E_p}{\partial k_i} = \frac{1}{2} \Big[\sum_{r=1}^{n} (\boldsymbol{\varphi}_{ir} \mathrm{e}^{\lambda_r t} + \overline{\boldsymbol{\varphi}}_{ir} \mathrm{e}^{\overline{\lambda}_r t}) - \sum_{r=1}^{n} (\varphi_{i+1,r} \mathrm{e}^{\lambda_r t} + \overline{\varphi}_{i+1,r} \mathrm{e}^{\overline{\lambda}_r t}) \Big]^2 \qquad (2\text{-}33)$$

在式(2-25)～式(2-27)中,块系岩体局部质量及局部黏弹性性质对特征值 λ_r 和特征向量 $\boldsymbol{\varphi}_{ir}$ 的灵敏度分析可表示为式(2-34)～式(2-37)。

$$\frac{\partial \lambda_r}{\partial m_i} = -\lambda_r^2 \frac{\boldsymbol{\varphi}_{ir}^2}{a_r}, \frac{\partial \lambda_r}{\partial c_{kl}} = -\lambda_r \frac{(\varphi_{kr} - \varphi_{lr})^2}{a_r}, \frac{\partial \lambda_r}{\partial k_{kl}} = -\frac{(\varphi_{kr} - \varphi_{lr})^2}{a_r} \qquad (2\text{-}34)$$

$$\frac{\partial \boldsymbol{\varphi}_{ir}}{\partial m_k} = -\lambda_r \frac{\varphi_{kr}^2}{a_r} \boldsymbol{\varphi}_{ir} + \varphi_{kr} \sum_{j=1, j \neq r}^{2n} \frac{\lambda_r^2}{\lambda_j - \lambda_r} \frac{\varphi_{kj} \varphi_{ij}}{a_j} \qquad (2\text{-}35)$$

$$\frac{\partial \boldsymbol{\varphi}_{ir}}{\partial k_{kl}} = (\varphi_{kr} - \varphi_{lr}) \sum_{j=1, j \neq r}^{2n} \frac{1}{\lambda_j - \lambda_r} \frac{(\varphi_{kj} - \varphi_{lj})\varphi_{ij}}{a_j} \qquad (2\text{-}36)$$

$$\frac{\partial \boldsymbol{\varphi}_{ir}}{\partial c_{kl}} = -\frac{1}{2} \frac{(\varphi_{kr} - \varphi_{lr})^2}{a_r} \boldsymbol{\varphi}_{ir} + (\varphi_{kr} - \varphi_{lr}) \sum_{j=1, j \neq r}^{2n} \frac{\lambda_r}{\lambda_j - \lambda_r} \frac{(\varphi_{kj} - \varphi_{lj})\varphi_{ij}}{a_j} \qquad (2\text{-}37)$$

将式(2-28)～式(2-33)及特征值 λ_r 和特征向量 $\boldsymbol{\varphi}_{ir}$ 的灵敏度分析式(2-34)～式(2-37)代入式(2-25)～式(2-27),可得岩块质量及局部块体间黏弹性性质变化时对块系岩体能量变化的影响。

2.2.2　块系岩体中能量传递计算分析

（1）块系岩体能量转化计算分析

取计算参数: $c_i = 35 \ \mathrm{kg/s}$, $k_i = 6 \times 10^5 \ \mathrm{kg/s^2}$, $m_i = 10 \ \mathrm{kg}(i = 1, \cdots, n)$。令 $n = 20$,即由 20 个岩块组成的块系岩体,初始冲击能量 $W_1 = 500 \ \mathrm{J}$,则初始岩块的扰动速度为 $\dot{x}_1(0) = 10 \ \mathrm{m/s}$。定义单元 i 为块体 i 及块体 i 和 $i+1$ 之间的软弱介质组成的单元。在单元 i 中,能量的转化为岩块的动能与块体间弱介质的弹性势能之间的转化。

第 4 单元和第 16 单元内的动能和势能变化,如图 2-25 和图 2-26 所示。

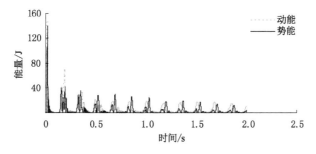

图 2-25　第 4 单元内的动能和势能

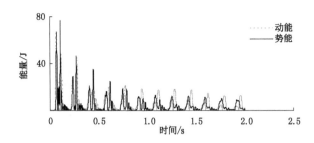

图 2-26　第 16 单元内的动能和势能

由图 2-25 可知,在第 4 单元内动能和势能相互转化并周期性衰减,扰动开始时,动能大于势能,动能补给势能,此时岩块的动能促使块体间软弱介质发生变形转化为势能,但 1 s 后动能和势能峰值几乎相当并逐渐耗散。在整个时间历程上,动能迅速衰减,势能衰减较慢,单元内的主要运动形式表现为岩块推动块体间介质变形及其相互转化。岩块 1 的动能最大值为 147.4 J,块体间软弱介质的势能最大值为 139.9 J。由图 2-26 可知,在第 16 单元内动能和势能同样相互转化并周期性衰减,扰动开始时,势能大于动能,势能补给动能,此时块体间的变形推动着岩块的运动,随着时间的推移,势能迅速衰减,动能衰减较慢。单元内的主要运动形式表现为岩块的摆动。岩块的动能最大值为 67.5 J,块体间软弱介质的势能最大值为 76.6 J。

因此,冲击能量在块系岩体的初始区域耗散较快,同时动能补给势能,能量耗散以动能为主;在末端区域能量耗散较慢,势能补给动能,能量耗散以势能为主。

整个块系岩体的动能和势能如图 2-27 所示。

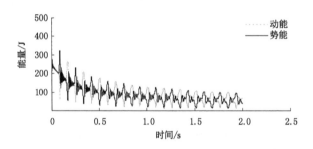

图 2-27　系统动能和势能

由图 2-27 可知,在块系岩体中动能和势能相互转化,势能最小则动能最大,势能最大则动能最小,动能和势能具有相同的指数衰减规律,在前 2 s 内整个块系岩体动能的最大值为 500.0 J,最小值为 11.2 J;势能的最大值为 322.0 J,最小值为 12.6 J。从式(2-16)和式(2-22)可得动能和势能变化的最值时刻。

动能的周期最大值和最小值发生时刻分别为式(2-38)和式(2-39)。

$$\omega_r t + \theta_{ir} - \theta'_{ir} = k\pi \quad (k = 2n \text{ 或 } k = 2n+1, n \in N) \tag{2-38}$$

$$\omega_r t + \theta_{ir} - \theta'_{ir} = k\pi + \frac{\pi}{2} \quad (k \in N) \tag{2-39}$$

势能的周期最大值和最小值发生时刻分别为式(2-40)式(2-41)。

$$\omega_r t + \theta'_{ir} = k\pi \quad (k = 2n \text{ 或 } k = 2n+1, n \in N) \tag{2-40}$$

$$\omega_r t + \theta''_{ir} = k\pi + \frac{\pi}{2} \quad (k \in N) \tag{2-41}$$

块系岩体系统能量和能量耗散如图 2-28 所示。

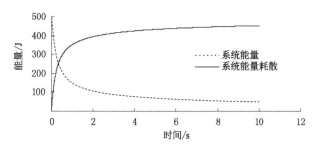

图 2-28 块系岩体系统能量和能量耗散

由图 2-28 可知,整个块系岩体系统能量的最大值为 500.0 J,最小值为 47.6 J。前 1 s 是系统能量的主要衰减阶段且接近线性变化,在 1～10 s 内衰减缓慢。同时,在 1 s 末系统能量为 148.1 J,10 s 末系统能量为 47.6 J。

（2）块系岩体参数对能量变化影响计算分析

考虑块系岩体参数在一定区域内发生变化时对能量传递的影响进行分析。① 若前 10 个块体单元内参数同时变化且分别为原来的 1/2 时,即 $m_i = 5$ kg, $c_i = 17.5$ kg/s, $k_i = 3 \times 10^5$ kg/s² $(i = 1, \cdots, 10)$,其余计算参数不变,根据能量守恒可知在改变质量时初始块体的扰动速度为 $10\sqrt{2}$ m/s。② 若中间 10 个块体单元内参数同时变化且分别为原来的 1/2 时,即 $m_i = 5$ kg, $c_i = 17.5$ kg/s, $k_i = 3 \times 10^5$ kg/s² $(i = 6, \cdots, 15)$,其余计算参数不变。③ 若后 10 个块体单元内的参数同时变化且分别为原来的 1/2 时,即 $m_i = 5$ kg, $c_i = 17.5$ kg/s, $k_i = 3 \times 10^5$ kg/s² $(i = 11, \cdots, 20)$,其余计算参数不变。在不同区域改变块体单元内参数时块系岩体系统动能、势能及系统能量如图 2-29～图 2-34 所示。

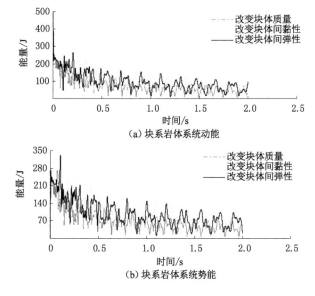

（a）块系岩体系统动能

（b）块系岩体系统势能

图 2-29 改变前 10 个块体单元内参数时块系岩体系统动能和势能

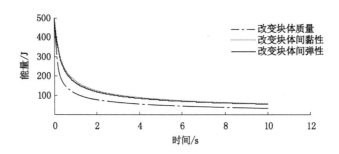

图 2-30 改变前 10 个块体单元内参数时块系岩体系统能量

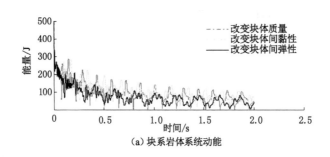

图 2-31 改变中间 10 个块体单元内参数时块系岩体系统动能和势能

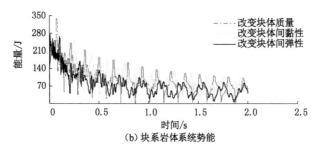

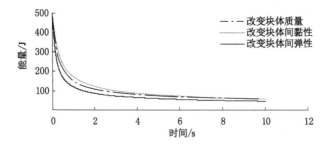

图 2-32 改变中间 10 个块体单元内参数时块系岩体系统能量

由图 2-29～图 2-34 可知,当块系岩体局部区域参数变化时,块系岩体的能量特征如表 2-4 所示。

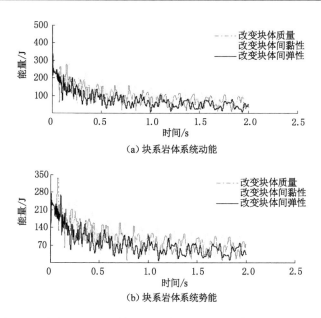

图 2-33　改变后 10 个块体单元内参数时块系岩体系统动能和势能

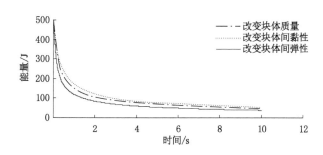

图 2-34　改变后 10 个块体单元内参数时块系岩体系统能量

表 2-4　局部区域参数变化时块系岩体能量特征

参数变化		动能最大值/J	动能最小值/J	势能最大值/J	势能最小值/J	1 s 末系统能量/J
改变前 10 个块体单元内参数	质量变化	500	3.4	271.5	4.0	105.7
	黏性变化	500	16.9	342.0	19.1	170.3
	弹性变化	500	11.4	330.6	12.4	163.9
改变中间 10 个块体单元内参数	质量变化	500	2.2	338.1	2.9	148.2
	黏性变化	500	16.5	337.5	18.7	169.4
	弹性变化	500	6.0	275.3	6.4	118.8
改变后 10 个块体单元内参数	质量变化	500	8.0	337.1	7.0	148.1
	黏性变化	500	16.6	331.7	18.2	169.6
	弹性变化	500	8.0	275.3	8.3	118.6

　　由上述分析可知,在前 10 个块体单元内改变质量对动能和势能的影响较大,动能、势能明显下降,同时系统能量耗散较快。在中间 10 个块体单元内改变块体间弹性对动能和势能的影

响较大,动能、势能下降明显,同时系统能量耗散较快。在后 10 个块体单元内改变块体间弹性对动能和势能的影响较大,动能、势能下降明显,同时弹性变化导致系统能量耗散较快。

下面考虑块系岩体参数全局变化对能量传递的影响进行分析。若岩块质量及块体间黏弹性系数分别为原来的 1/2 时,即 $m_i = 5$ kg,$c_i = 17.5$ kg/s,$k_i = 3 \times 10^5$ kg/s^2 $(i = 1, \cdots, n)$,其余计算参数不变,由能量守恒可知当改变质量时初始岩块的扰动速度为 $\dot{x}_1(0) = 10\sqrt{2}$ m/s,则第 4 单元及第 16 单元内的动能、势能和系统动能、势能及能量耗散如图 2-35～图 2-38 所示。

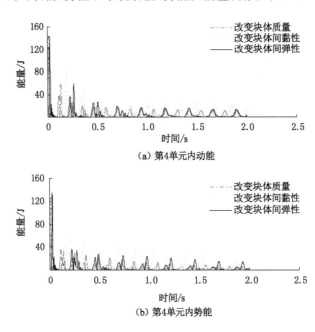

图 2-35　改变块体单元内参数时第 4 单元内动能和势能

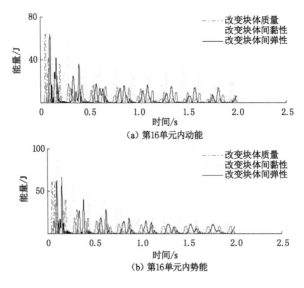

图 2-36　改变块体单元内参数时第 16 单元内动能和势能

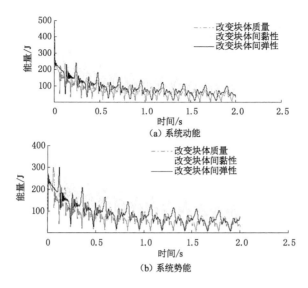

（a）系统动能

（b）系统势能

图 2-37 改变块体单元内参数时系统动能和势能

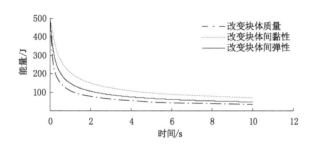

图 2-38 改变块体单元内参数时系统能量

由图 2-35 可知,在第 4 单元内经过 1 个周期,动能和势能的变化出现明显区别。动能和势能的衰减周期变化为:弹性变化时的衰减周期＞黏性变化时的衰减周期＞质量变化时的衰减周期。动能最大值依次为 143.5 J、149.5 J、143.5 J;势能最大值依次为 127.9 J、138.0 J、134.7 J。相比于图 2-25,岩块质量变化对第 4 单元内的动能和势能幅值影响较大。

由图 2-36 可知,当块系岩体中质量、黏性及弹性变化时,在第 16 单元内动能和势能的衰减周期变化与第 4 单元内变化规律相同。动能最大值依次为 64.2 J、71.9 J、64.2 J;势能最大值依次为 61.6 J、86.8 J、66.7 J。相比于图 2-26,块体间黏性变化对第 16 单元内的动能幅值影响较大,岩块质量变化对势能幅值影响较大。

由图 2-37 可知,当块系岩体中质量、黏性及弹性变化时,块系岩体的动能最大值均为 500.0 J,势能最大值依次为 301.8 J、352.7 J、301.8 J;动能最小值依次为 4.7 J、25.4 J、8.9 J;势能最小值依次为 4.6 J、27.8 J、8.9 J。相比于图 2-27 可知,块体间黏性变化对系统动能和势能幅值影响较大。

由图 2-38 可知,当改变质量及块体间黏弹性时,1 s 末系统能量依次为 105.6 J、205.2 J、147.9 J;10 s 末系统能量依次为 33.5 J、67.2 J、47.6 J。相比于图 2-28 可知,此时块体间黏性变化对能量耗散影响较大。

2.3 块系岩体的准共振响应

2.3.1 准共振理论分析

下面研究块系岩体在外界周期扰动下岩块的稳态响应,通过岩块的稳态响应得到块系岩体的准共振方程进而分析准共振条件,同时分析块系岩体参数及外界扰动频率对岩块稳态位移响应的影响。在式(2-1)中,若外界扰动为 $f(t) = p\sin(\omega t)$,则在状态空间中 $\boldsymbol{y} = [x, \dot{x}]^{\mathrm{T}}$,摆型波传播过程中块系岩体的动力响应微分方程可解耦为如式(2-42)所示的一阶微分方程组。

$$\dot{q} - \lambda_i q = \frac{(\boldsymbol{\Phi}^{\mathrm{T}}\widetilde{f})_{i,1}}{a_{ii}} \quad (i = 1, 2, \cdots, 2n) \tag{2-42}$$

式(2-42)的解为式(2-43)。

$$q_i(t) = q_i(0)\mathrm{e}^{\lambda_i t} + w_i \quad (i = 1, 2, \cdots, 2n) \tag{2-43}$$

其中,$w_i = \mathrm{e}^{\lambda_i t}\displaystyle\int_0^t \frac{(\boldsymbol{\Phi}^{\mathrm{T}}\widetilde{f})_{i,1}}{a_{ii}}\mathrm{e}^{-\lambda_i t}\mathrm{d}t (i = 1, \cdots, 2n)$,$\boldsymbol{q}(0) = \boldsymbol{a}^{-1}\boldsymbol{\Phi}^{\mathrm{T}}\boldsymbol{A}\boldsymbol{y}(0)$,$\boldsymbol{y}(0)$ 为初始条件。将式(2-43)写成矩阵形式,即

$$\boldsymbol{q} = \boldsymbol{d}\boldsymbol{q}(0) + \boldsymbol{W} \tag{2-44}$$

其中,$\boldsymbol{d} = \mathrm{diag}(\mathrm{e}^{\lambda_1 t}, \mathrm{e}^{\lambda_2 t}, \cdots, \mathrm{e}^{\lambda_{2n} t})$,$\boldsymbol{W} = [w_1, w_2, \cdots, w_{2n}]^{\mathrm{T}}$。因此,在外界周期扰动 $f(t) = p\sin(\omega t)$ 作用下,岩块的动力响应解见式(2-45)。

$$\boldsymbol{y}(t) = \boldsymbol{\Phi}[\boldsymbol{d}\boldsymbol{q}(0) + \boldsymbol{W}] \tag{2-45}$$

若 $\boldsymbol{y}(0) = 0$ 在零初始条件下,不考虑瞬态解,只研究在外界周期扰动 $f(t) = p\sin(\omega t)$ 作用下块系岩体的稳态动力响应,见式(2-46)。

$$\boldsymbol{y}(t) = \boldsymbol{\Phi}\boldsymbol{W} \quad \text{或} \quad y_j(t) = \sum_{i=1}^{2n} \Phi_{ji} \cdot w_i \quad (j = 1, \cdots, 2n) \tag{2-46}$$

$$w_i = \mathrm{e}^{\lambda_i t}\int_0^t \frac{\Phi_{i,1} \cdot p\sin(\omega t)}{a_{ii}}\mathrm{e}^{-\lambda_i t}\mathrm{d}t$$

$$= -\frac{A_i \cdot (\lambda_i \sin \omega t + \omega\cos \omega t) - A_i \cdot \omega \cdot \mathrm{e}^{\lambda_i t}}{\lambda_i^2 + \omega^2} \tag{2-47}$$

其中,$A_i = \dfrac{p \cdot \Phi_{i1}}{a_{ii}}$,$\lambda_i \in C$ 为块系岩体的第 i 阶复频率,ω 为外界扰动频率,由式(2-47)可知,块系岩体的共振响应仅与式(2-45)的稳态响应有关,与瞬态响应无关。

由式(2-47)可知,当 λ_i 为纯虚数且 $\mathrm{Im}(\lambda_i) = \omega$ 时,$\lambda_i^2 + \omega^2 = 0$,则块系岩体发生共振。在由 n 个块体构成的块系岩体中,共有 n 个共振频率,一般情况下 λ_i 的实部不为零。

下面研究 λ_i 为纯虚数时块系岩体的共振条件。由代数学可知,实反对称矩阵的特征值 λ_i 为纯虚数或零。又因为特征值 λ_i 所对应的矩阵为 $\boldsymbol{B} \cdot \boldsymbol{A}^{-1}$ 且 $\boldsymbol{B} \cdot \boldsymbol{A}^{-1} = \begin{bmatrix} 0 & -\boldsymbol{K}\boldsymbol{M}^{-1} \\ \boldsymbol{E} & -\boldsymbol{C}\boldsymbol{E}^{-1} \end{bmatrix}$。若 $\boldsymbol{C} = 0$ 且 $\boldsymbol{K}\boldsymbol{M}^{-1} = \boldsymbol{E}$,即 $\boldsymbol{K}$ 与 $\boldsymbol{M}$ 互为逆矩阵时,$\boldsymbol{B} \cdot \boldsymbol{A}^{-1}$ 为实反对称矩阵,则矩阵 $\boldsymbol{B} \cdot \boldsymbol{A}^{-1}$ 的特征值 λ_i 为纯虚数。此时,外界扰动频率 $\omega = \lambda_i$ 时块系岩体发生共振。由此可知,块系岩体

发生共振与岩块质量及块体间的刚度和阻尼有着密切的关系。

由式(2-47)可知,岩块的稳态位移响应为 w_i 的线性组合,在 $\sum_{i=1}^{2n} \Phi_{ji} \cdot w_i$ 中,任意一项 w_i 发生共振都能导致求和的无穷大进而整个块系岩体发生共振。在实际岩体工程中,块体间的阻尼不可能为零,则 λ_i 不为纯虚数,若其虚部远远大于实部且外界扰动频率接近 λ_i 的虚部时,可视为块系岩体发生准共振。

2.3.2 准共振计算分析

令外界周期扰动 $f(t)=\sin(\omega t)$,块系岩体由 10 个岩块组成且 $m_i=10$ kg,块体间黏弹性系数为:$c_i=20$ kg/s,$k_i=1\times10^5$ kg/s^2($i=1,\cdots,10$)。计算第 5 块岩块在不同外界周期扰动频率 ω 下的稳态位移响应。通过计算可知块系岩体的复频率 λ_i 分别为:$-3.91\pm197.73i$,$3.65\pm191.08i$,$-3.25\pm180.16i$,$-2.73\pm165.23i$,$-2.15\pm146.59i$,$-1.55\pm124.69i$,$-1.00\pm99.99i$,$-0.53\pm73.07i$,$-0.20\pm44.50i$,$-0.02\pm14.95i$。其中,低阶准共振频率为 14.95 Hz。当外界周期扰动频率 ω 分别为 10 Hz、15 Hz 和 20 Hz 时,第 5 块岩块的稳态位移响应如图 2-39～图 2-41 所示。

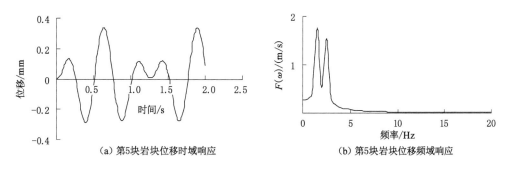

(a)第5块岩块位移时域响应　　　　(b)第5块岩块位移频域响应

图 2-39　扰动频率 $\omega=10$ Hz 时第 5 块岩块稳态位移响应

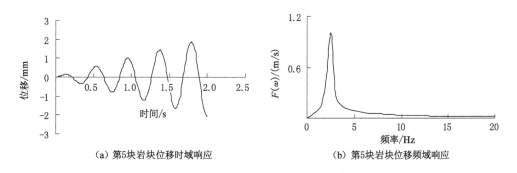

(a)第5块岩块位移时域响应　　　　(b)第5块岩块位移频域响应

图 2-40　扰动频率 $\omega=15$ Hz 时第 5 块岩块稳态位移响应

当外界扰动频率 $\omega=15$ Hz 接近低阶复频率的虚部 14.95 Hz 时,第 5 块岩块的稳态位移幅值相比于外界扰动频率 $\omega=10$ Hz 和 $\omega=20$ Hz 时增大近 1 个数量级,这里的准共振反应在第 5 块上是一个渐变过程,没有出现共振现象是因为复频率的实部不为零。同时,当外界周期扰动频率 $\omega=15$ Hz 时,位移频谱图中的频率极值为 2.5 Hz,$\omega=10$ Hz 时位移频域极值分别为

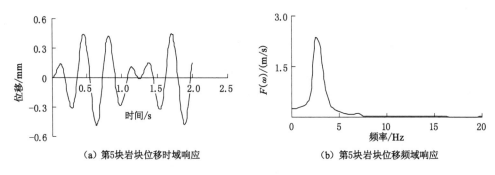

图 2-41　扰动频率 ω＝20 Hz 时第 5 块岩块稳态位移响应

1.5 Hz 和 2.5 Hz，ω＝20 Hz 时位移频域极值为 2.5 Hz。

　　由上面的计算可知，高阶复频率的虚部为 197.73 Hz。当外界扰动频率 ω 分别为 193 Hz、198 Hz 和 203 Hz 时，第 5 块岩块的稳态位移响应如图 2-42～图 2-44 所示。

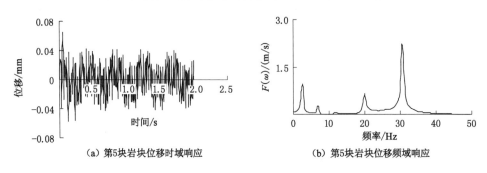

图 2-42　扰动频率 ω＝193 Hz 时第 5 块岩块稳态位移响应

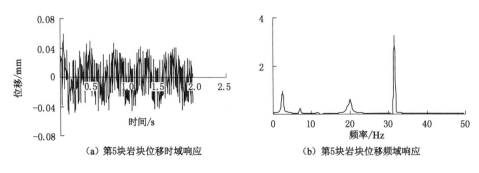

图 2-43　扰动频率 ω＝198 Hz 时第 5 块岩块稳态位移响应

　　当外界扰动频率 ω＝198 Hz 接近高阶复频率的虚部 197.73 Hz 时，第 5 块岩块的稳态位移幅值相比于外界扰动频率 ω＝193 Hz 和 ω＝203 Hz 时变化不大。相比于低阶复频率，高阶复频率对准共振影响较小。当外界扰动频率 ω＝198 Hz 时，位移频谱图中的频率极值为 31.5 Hz，ω＝193 Hz 时位移频域极值为 30.5 Hz，ω＝203 Hz 时位移频域极值为 32.5 Hz。

　　下面分析块系岩体局部参数变化对岩块稳态位移响应的影响，见式(2-48)～式(2-50)。

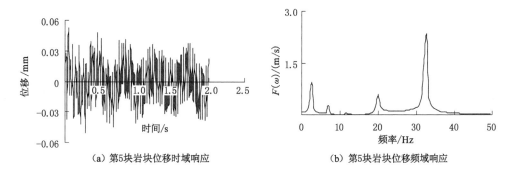

（a）第5块岩块位移时域响应　　　　（b）第5块岩块位移频域响应

图 2-44　扰动频率 $\omega = 203$ Hz 时第 5 块岩块稳态位移响应

$$\frac{\partial w_i}{\partial m_k} = \frac{\partial w_i}{\partial \lambda_i} \cdot \frac{\partial \lambda_i}{\partial m_k} + \frac{\partial w_i}{\partial \varphi_{1i}} \cdot \frac{\partial \varphi_{1i}}{\partial m_k} \tag{2-48}$$

$$\frac{\partial w_i}{\partial c_{kl}} = \frac{\partial w_i}{\partial \lambda_i} \cdot \frac{\partial \lambda_i}{\partial c_{kl}} + \frac{\partial w_i}{\partial \varphi_{1i}} \cdot \frac{\partial \varphi_{1i}}{\partial c_{kl}} \tag{2-49}$$

$$\frac{\partial w_i}{\partial k_{kl}} = \frac{\partial w_i}{\partial \lambda_i} \cdot \frac{\partial \lambda_i}{\partial k_{kl}} + \frac{\partial w_i}{\partial \varphi_{1i}} \cdot \frac{\partial \varphi_{1i}}{\partial k_{kl}} \tag{2-50}$$

其中，m_k 是第 k 块岩块的质量，c_{kl} 和 k_{kl} 分别是岩块 k 和岩块 l 间的黏性系数和弹性系数。由式（2-47）可知：

$$\frac{\partial w_i}{\partial \lambda_i} = -\frac{A_i[\sin(\omega t) - \omega \lambda_i \mathrm{e}^{\lambda_i t}](\lambda_i^2 + \omega^2) - 2A_i \lambda_i [\lambda_i \sin(\omega t) + \omega \cos(\omega t) - w \mathrm{e}^{\lambda_i t}]}{(\lambda_i^2 + \omega^2)^2}$$
$$\tag{2-51}$$

$$\frac{\partial w_i}{\partial \varphi_{1i}} = -\frac{p[\lambda_i \sin(\omega t) + \omega \cos(\omega t)] - p \omega \mathrm{e}^{\lambda_i t}}{a_{ii} \cdot (\lambda_i^2 + \omega^2)} \tag{2-52}$$

将式（2-51）～式（2-52）以及式（2-34）～式（2-37）代入式（2-48）～式（2-50），可得块系岩体局部参数变化对岩块稳态位移响应的影响。

下面对块系岩体局部参数变化时岩块的稳态位移响应进行计算分析。令外界扰动为 $f(t) = \sin(193t)$。分析三种情况下的参数变化：① 第 5 块岩块的质量增大 1 倍，$m_5 = 20$ kg；② 第 4 块和第 5 块岩块间的弹性系数减小一半，$k_4 = 0.5 \times 10^5$ kg/s^2；③ 第 4 块和第 5 块岩块间的黏性系数增大 1 倍，$c_4 = 40$ kg/s，其余计算参数不变，则第 5 块岩块的稳态位移响应如图 2-45 所示。

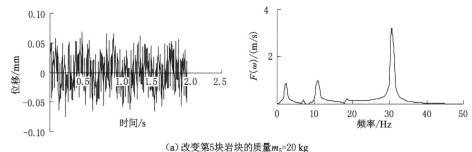

（a）改变第5块岩块的质量 $m_5 = 20$ kg

图 2-45　改变块系岩体局部参数时第 5 块岩块稳态位移响应

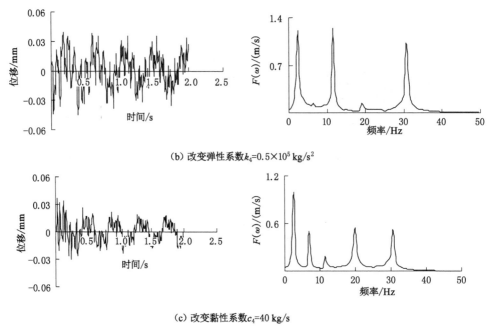

（b）改变弹性系数k_4=0.5×10^5 kg/s^2

（c）改变黏性系数c_4=40 kg/s

图 2-45（续）

相比于图 2-42，当第 5 块岩块质量增大时，岩块的稳态位移响应幅值略有增大。当弹性系数 k_4 减小及黏性系数 c_4 增大时，稳态位移幅值有所下降且响应周期变大。同时，稳态位移的频域极值在岩块质量增大时分别为 2.5 Hz、11 Hz 和 31 Hz，在块体间弹性系数 k_4 减小时分别为 2.5 Hz、11 Hz 和 31 Hz，在块体间黏性系数 c_4 增大时分别为 2.5 Hz、7 Hz、20 Hz 和 31 Hz。

3 摆型波传播过程中块系岩体的超低摩擦效应分析

3.1 块系岩体的超低摩擦分析

当相邻块体间的相对位移在拉伸方向达到极大值时,块体间具有最大的分离量,此时岩块的正压力相对较小,在侧向载荷作用下极易发生摩擦滑动,通过块系岩体摆型波传播过程中块体间的相对位移来研究块系岩体的超低摩擦发生规律,由块体间弱介质的拉伸极值给出超低摩擦发生判据。

3.1.1 超低摩擦发生判据

瞬态扰动下块系岩体摆型波传播动力方程(2-1)的解(2-4)可展开为:

$$
\boldsymbol{y}(t) = \boldsymbol{\Phi} \boldsymbol{d} \boldsymbol{q}_0 = \begin{bmatrix} \mathrm{e}^{\lambda_1 t}\varphi_{1,1}\,p_{1,n+1}v + \mathrm{e}^{\lambda_2 t}\varphi_{1,2}\,p_{2,n+1}v + \cdots + \mathrm{e}^{\lambda_{2n}t}\varphi_{1,2n}\,p_{2n,n+1}v \\ \mathrm{e}^{\lambda_1 t}\varphi_{2,1}\,p_{1,n+1}v + \mathrm{e}^{\lambda_2 t}\varphi_{2,2}\,p_{2,n+1}v + \cdots + \mathrm{e}^{\lambda_{2n}t}\varphi_{2,2n}\,p_{2n,n+1}v \\ \vdots \\ \mathrm{e}^{\lambda_1 t}\varphi_{2n,1}\,p_{1,n+1}v + \mathrm{e}^{\lambda_2 t}\varphi_{2n,2}\,p_{2,n+1}v + \cdots + \mathrm{e}^{\lambda_{2n}t}\varphi_{2n,2n}\,p_{2n,n+1}v \end{bmatrix} \tag{3-1}
$$

其中,$\boldsymbol{p} = \boldsymbol{a}^{-1}\boldsymbol{\Phi}^{\mathrm{T}}\boldsymbol{A}$,令 $\varphi_{i,r}\,p_{r,n+1} = a_{ir} + b_{ir}j$,$\lambda_r = \alpha_r + \omega_r j$($\alpha_r < 0$,$j$ 为虚数),则第 i 块岩块的位移响应为:

$$
x_i = \sum_{r=1}^{2n} \mathrm{e}^{\alpha_r t} v \left[a_{ir}\cos(\omega_r t) - b_{ir}\sin(\omega_r t) \right] = v\sum_{r=1}^{2n} \sqrt{a_{ir}^2 + b_{ir}^2}\,\mathrm{e}^{\alpha_r t}\cos(\omega_r t + \theta_{ir}) \tag{3-2}
$$

其中,$\theta_{ir} = \arctan(b_{ir}/a_{ir})$,因此块体 i 与相邻块体 $i-1$ 之间的相对位移见式(3-3)。

$$
\begin{aligned}
x_i - x_{i-1} &= v\sum_{r=1}^{2n} \mathrm{e}^{\alpha_r t} \left[\sqrt{a_{i,r}^2 + b_{i,r}^2}\cos(\omega_r t + \theta_{i,r}) - \sqrt{a_{i-1,r}^2 + b_{i-1,r}^2}\cos(\omega_r t + \theta_{i-1,r}) \right] \\
&= v\sum_{r=1}^{2n} \mathrm{e}^{\alpha_r t} \left[m_{i,r}\cos(\omega_r t) - n_{i,r}\sin(\omega_r t) - m_{i-1,r}\cos(\omega_r t) + n_{i-1,r}\sin(\omega_r t) \right] \\
&= v\sum_{r=1}^{2n} \mathrm{e}^{\alpha_r t} \left[(m_{i,r} - m_{i-1,r})\cos(\omega_r t) - (n_{i,r} - n_{i-1,r})\sin(\omega_r t) \right]
\end{aligned} \tag{3-3}
$$

其中,$m_{i,r} = \sqrt{a_{i,r}^2 + b_{i,r}^2}\cos\theta_{i,r}$,$n_{i,r} = \sqrt{a_{i,r}^2 + b_{i,r}^2}\sin\theta_{i,r}$,令 $m_{i,r} - m_{i-1,r} = l_{i-1,r}$,$n_{i,r} - n_{i-1,r} = l_{i,r}$,则式(3-3)可表示为式(3-4)。

$$
x_i - x_{i-1} = v\sum_{r=1}^{2n} \mathrm{e}^{\alpha_r t}\,\sqrt{l_{i,r}^2 + l_{i-1,r}^2}\cos(\omega_r t + \theta'_{i-1,r}) \tag{3-4}
$$

其中,$\theta'_{i-1,r} = \arctan(l_{i,r}/l_{i-1,r})$,由此可知,相邻块体间的相对位移由不同幅值、不同频率以及不同相位的余弦波叠加而成。在脉冲载荷作用下,块体间软弱介质发生周期性拉伸和挤压变化。当 $x_i - x_{i-1}$ 为正值时说明块体 i 与相邻块体 $i-1$ 之间的软弱介质被拉伸。为得到拉伸极值点，对式(3-4)求导得式(3-5)。

$$(x_i - x_{i-1})' = v \sum_{r=1}^{2n} \mathrm{e}^{\alpha_r t} \left[\sqrt{l_{i,r}^2 + l_{i-1,r}^2} \alpha_r \cos(\omega_r t + \theta'_{i-1,r}) - \sqrt{l_{i,r}^2 + l_{i-1,r}^2} \omega_r \sin(\omega_r t + \theta'_{i-1,r}) \right]$$

$$= v \sum_{r=1}^{2n} \mathrm{e}^{\alpha_r t} \sqrt{(l_{i,r}^2 + l_{i-1,r}^2)(\alpha_r^2 + \omega_r^2)} \cos(\omega_r t + \theta'_{i-1,r} + \varphi_{i-1,r}) \tag{3-5}$$

其中，$\varphi_{i-1,r} = \arctan(\omega_r / \alpha_r)$。当对任意的 r 满足式(3-6)时，有

$$\omega_r t + \theta'_{i-1,r} + \varphi_{i-1,r} = \pi/2 + k\pi \tag{3-6}$$

则块体 i 和块体 $i-1$ 之间的相对位移 $x_i - x_{i-1}$ 取得极值。将(3-6)代入式(3-4)可得式(3-7)。

$$x_i - x_{i-1} = v \sum_{r=1}^{2n} \mathrm{e}^{\alpha_r t} \sqrt{l_{i,r}^2 + l_{i-1,r}^2} \cos(\pi/2 + k\pi - \varphi_{i-1,r})$$

$$= v \sum_{r=1}^{2n} \mathrm{e}^{\alpha_r t} \sqrt{l_{i,r}^2 + l_{i-1,r}^2} \sin(\pi/2 + k\pi) \sin \varphi_{i-1,r} \tag{3-7}$$

由 $\varphi_{i-1,r} = \arctan(\omega_r / \alpha_r)$ 可知，$\sin \varphi_{i-1,r} = \omega_r / \sqrt{\omega_r^2 + \alpha_r^2}$。因此，若 $\omega_r > 0$，在式(3-6)中 $k = 2n$ 且 $\omega_r < 0$ 时，$k = 2n+1$，则 $x_i - x_{i-1}$ 取得极大值，此时对应着块体间弱介质的拉伸极值。可以证明这个极值点是周期内的最大值。

由上面的分析可知，当块体 i 和块体 $i-1$ 之间具有超低摩擦倾向时应满足式(3-8)。

$$\begin{cases} \omega_r t + \theta'_{i-1} + \varphi_{i-1,r} = \pi/2 + 2n\pi & (\omega_r > 0) \\ \omega_r t + \theta'_{i-1} + \varphi_{i-1,r} = \pi/2 + (2n+1)\pi & (\omega_r < 0) \end{cases} \tag{3-8}$$

超低摩擦的发生时刻对应着块体间拉伸位移极值满足式(3-9)。t 取所有极值中最大值出现的时刻。

$$t = (\pi/2 + k\pi - \theta'_{i-1,r} - \varphi_{i-1,r})/\omega_r \tag{3-9}$$

若块体 i 和块体 j 两侧分别同时具有超低摩擦倾向，则满足式(3-10)。

$$\begin{cases} \omega_r t + \theta'_{i-1,r} + \varphi_{i-1,r} = \pi/2 + 2n\pi \\ \omega_r t + \theta'_{j,r} + \varphi_{j,r} = \pi/2 + 2n\pi \end{cases} \quad (\omega_r > 0) \quad 且$$

$$\begin{cases} \omega_r t + \theta'_{i-1,r} + \varphi_{i-1,r} = \pi/2 + (2n+1)\pi \\ \omega_r t + \theta'_{j,r} + \varphi_{j,r} = \pi/2 + (2n+1)\pi \end{cases} \quad (\omega_r < 0) \tag{3-10}$$

由此可得，在冲击载荷作用下局部区域岩体发生超低摩擦的判据为式(3-11)。

$$\theta'_{i-1,r} + \varphi_{i-1,r} - \theta'_{j,r} - \varphi_{jr} = 2k\pi \quad (k = 0, \cdots, n) \tag{3-11}$$

冲击扰动一定时，式(3-11)中的参数 $\theta'_{i,r}$、$\varphi_{i,r}$ 均由块系岩体参数 $\boldsymbol{M}$、$\boldsymbol{C}$、$\boldsymbol{K}$ 决定。此时，第 i 块至第 j 块之间的岩体在侧向载荷作用下容易滑出诱发岩体错动型冲击地压动力灾害。

3.1.2 超低摩擦计算分析

(1)岩块尺度对超低摩擦影响计算分析

取原始计算参数为：$c_i = 20$ kg/s，$k_i = 1 \times 10^5$ kg/s^2，$m_i = 5$ kg，$v_1 = 1$ m/s，并假设整个块系岩体的总质量为 100 kg。当块系岩体分别由不同尺度的岩块组成时，计算中间两块的相对位移。根据质量守恒可知，块数为 10 块时每块质量为 10 kg，块数为 20 块时每块质量

为 5 kg,块数为 30 块时每块质量为 3.33 kg。在冲击扰动下,不同岩块尺度下块系岩体中间两块的相对位移如图 3-1 所示。

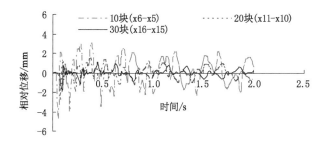

图 3-1　不同岩块尺度下块系岩体中间两块相对位移

由图 3-1 可知,当块系岩体由 10 块、20 块和 30 块岩块组成时,中间两块岩块的相对位移最大值依次为 3.0 mm、1.5 mm、1.1 mm,所对应的时刻依次为 0.38 s、0.37 s、0.45 s。因此,块系岩体中间区域块体间的最大拉伸值随岩块尺度的变小而明显下降,同时所对应的发生时刻相对延后。

（2）块系岩体参数对超低摩擦影响计算分析

在由 10 个岩块组成的块系岩体中,分析当改变局部块体间的力学性质(黏弹性)及岩块自身质量时第 5 块和第 6 块岩块之间的相对位移。当第 5 块和第 6 块岩块之间的弹性系数分别下降为原来的 50% 和 25% 时,即 $k_5 = 0.5 \times 10^5$ kg/s² 和 $k_5 = 0.25 \times 10^5$ kg/s²,其余计算参数不变,第 5 块和第 6 块岩块之间的相对位移如图 3-2 所示。

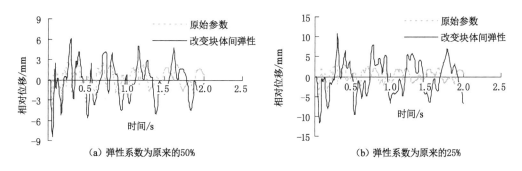

（a）弹性系数为原来的50%　　　　　（b）弹性系数为原来的25%

图 3-2　块体 5 和块体 6 之间弹性下降时相对位移

当第 5 块和第 6 块岩块之间的黏性系数分别为原来的 5 倍和 50 倍时,即 $c_5 = 100$ kg/s 和 $c_5 = 1\,000$ kg/s,其余计算参数不变,第 5 块和第 6 块岩块之间的相对位移如图 3-3 所示。

当块体 5 的质量分别为原来的 50% 和 25% 时,即 $m_5 = 2.5$ kg 和 $m_5 = 1.25$ kg,其余计算参数不变,第 5 块和第 6 块岩块之间的相对位移如图 3-4 所示。

根据图 3-2～图 3-4,可得块系岩体参数变化时块体间相对最大拉伸位移值及对应的出现时刻,见表 3-1。

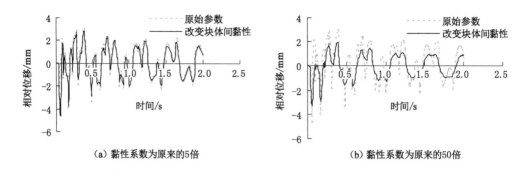

（a）黏性系数为原来的5倍　　　　　（b）黏性系数为原来的50倍

图 3-3　块体 5 和块体 6 之间黏性增大时相对位移

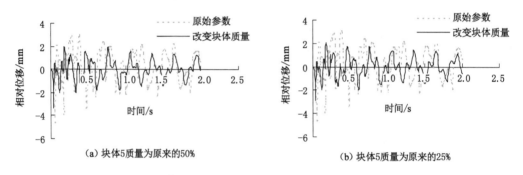

（a）块体5质量为原来的50%　　　　　（b）块体5质量为原来的25%

图 3-4　块体 5 质量下降时块体 5 和块体 6 之间的相对位移

表 3-1　块系岩体参数变化时块体 5 和块体 6 间的相对位移

参数变化	最大拉伸值/mm	最大拉伸值出现时刻/s	参数变化	最大拉伸值/mm	最大拉伸值出现时刻/s
原始参数	3.0	0.38	原始参数	3.0	0.38
弹性系数为原来的 25%	10.7	0.30	弹性系数为原来的 50%	6.1	0.29
黏性系数为原来的 50 倍	2.0	0.38	黏性系数为原来的 5 倍	2.8	0.39
块体质量为原来的 25%	2.0	0.18	块体质量为原来的 50%	2.0	0.18

由图 3-2～图 3-4 及表 3-1 可知,块体间弹性下降幅度越大则块体间的最大拉伸值增长越明显,同时最值的出现时间明显提前。增大块体间黏性时,最大拉伸值明显下降,但出现时刻几乎不变。当岩块质量下降时,块体间的拉伸最值下降且出现时刻明显提前,但不同程度的质量变化对拉伸最值及其出现时刻的敏感性较差。

（3）外界周期扰动对超低摩擦影响计算分析

下面分析外界周期扰动频率对块体间相对位移的影响,仍采用上述 10 个岩块组成的块系岩体进行计算分析。令外界周期扰动 $f(t)=p\sin(\omega t)$,则第 i 块和第 $i-1$ 块岩块之间的稳态相对位移为:

$$y_i(t) - y_{i-1}(t) = \sum_{j=1}^{2n}(\Phi_{i,j}w_j - \Phi_{i-1,j}w_j) \tag{3-12}$$

其中

$$w_j = e^{\lambda_j t} \int_0^t \frac{\Phi_{j,1} \cdot p\sin(\omega t)}{a_{jj}} e^{-\lambda_j t} dt \qquad (3-13)$$

在外界瞬态扰动 $v_1 = 1$ m/s 和稳态周期扰动 $f(t) = 50 \cdot \sin(\omega t)$ 共同作用下，扰动频率 ω 不同时，块体 5 和块体 6 之间的相对位移变化如图 3-5 所示。图中，瞬态相对位移为瞬态扰动作用下块体 5 和块体 6 之间的相对位移；稳态相对位移为周期扰动作用下块体 5 和块体 6 之间的相对位移；相对位移为瞬态相对位移与稳态相对位移的和。

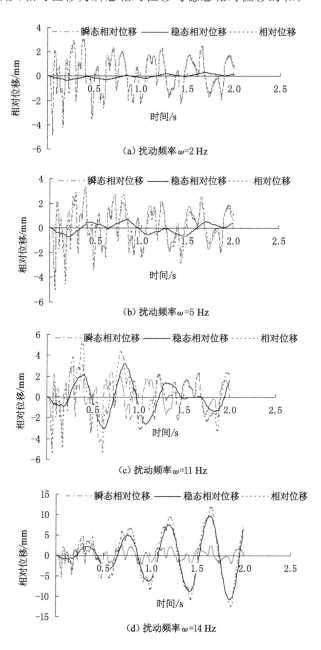

图 3-5　扰动频率不同时块体 5 和块体 6 之间的相对位移

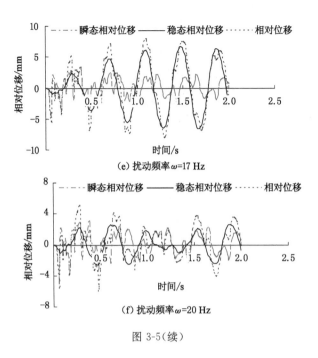

图 3-5(续)

由图 3-5 可知,在瞬态扰动时块体 5 和块体 6 之间的瞬态位移最大拉伸值为 3.0 mm,所对应的时刻为 0.38 s。在不同扰动频率下,块体 5 和块体 6 之间的稳态位移最大拉伸值及对应的时刻、总位移最大拉伸值及对应的时刻如表 3-2 所示,这里的总位移为瞬态扰动相对位移和稳态扰动相对位移的和。

表 3-2 稳态和瞬态扰动下块体 5 和块体 6 之间的相对位移

外界扰动频率/Hz	稳态位移最大拉伸值/mm	稳态位移最大拉伸值对应的时刻/s	总位移最大拉伸值/mm	总位移最大拉伸值对应的时刻/s
2	0.3	1.69	2.9	0.38
5	0.7	0.85	3.3	0.39
11	3.2	0.85	5.1	0.39
14	9.7	1.64	11.8	1.65
17	6.7	1.48	7.9	1.09
20	2.6	1.88	5.1	0.28

由表 3-2 可知,外界扰动频率为 2 Hz 时,最大拉伸值下降 0.1 mm,但出现时刻不变。5 Hz 时,最大拉伸值增大 0.3 mm,同时出现时刻延后 0.01 s。11 Hz 时,最大拉伸值增大 2.1 mm,同时出现时刻延后 0.01 s。14 Hz 时,最大拉伸值增大 8.8 mm,同时出现时刻延后 1.27 s,此时的扰动频率接近块系岩体的低阶准共振频率。17 Hz 时,最大拉伸值增大 4.9 mm,同时出现时刻延后 0.71 s。20 Hz 时,最大拉伸值增大 2.1 mm,同时出现时刻提前 0.1 s。因此,外界扰动频率会使岩体间的最大拉伸值发生变化。在实际岩体工程中,应当避免使岩体间相对位移迅速增大的外界扰动频率。

下面分析当外界扰动频率一定时,扰动力幅值对块体间相对位移的影响。令外界扰动频率 $\omega=5$ Hz,稳态激振力幅值 p 分别为 100 N 和 150 N 时,块体 5 和块体 6 之间的相对位移如图 3-6 所示。

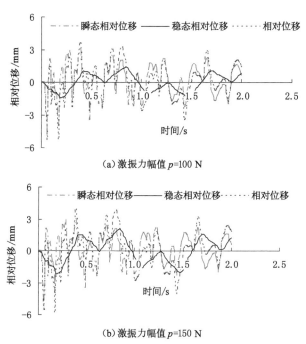

(a)激振力幅值 p=100 N

(b)激振力幅值 p=150 N

图 3-6　稳态激振力幅值变化时块体 5 和块体 6 之间的相对位移

外界扰动在岩体中传播时,随着时间的推移,扰动源的能量不断地向周围岩体传播而逐渐削弱。假设震源能量幅值衰减符合指数衰减规律 e^{-bt},令外界周期扰动为 $f(t)=pe^{-bt}\sin(\omega t)$。下面分析不同衰减系数 b 对块体 5 和块体 6 之间相对位移的影响,取扰动频率 $\omega=11$ Hz,激振力幅值 $p=50$ N。当衰减系数 b 变化时,块体 5 和块体 6 之间的相对位移如图 3-7 所示。

由图 3-6 和图 3-7 可知,周期激振力幅值 p 及衰减系数 b 变化时,块体 5 和块体 6 之间的稳态位移最大拉伸值及对应的时刻,总位移最大拉伸值及对应的时刻如表 3-3 所示。

表 3-3　块体间的最大拉伸值及对应的时刻

参数变化	稳态位移最大拉伸值/mm	稳态位移最大拉伸值对应的时刻/s	总位移最大拉伸值/mm	总位移最大拉伸值对应的时刻/s
$p=50$ N	0.7	0.85	3.3	0.39
$p=100$ N	1.4	0.85	3.6	0.39
$p=150$ N	2.1	0.85	4.0	0.39
$b=0$	3.2	0.85	5.1	0.39
$b=1$	1.5	0.40	4.4	0.38
$b=2$	1.0	0.40	4.0	0.38
$b=5$	0.3	0.35	3.3	0.38

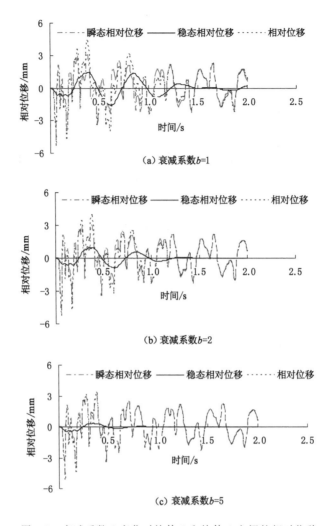

图 3-7　衰减系数 b 变化时块体 5 和块体 6 之间的相对位移

由图 3-6、图 3-7 及表 3-3 可知,外界激振力幅值 p 的变化只会改变块体间最大拉伸值的幅值而不会改变其出现时刻。当衰减系数 b 增大时,块体间的最大拉伸值逐渐下降且最值出现时刻不变。

3.2　两块体系统模型的超低摩擦效应解析分析

3.2.1　两块体块系岩体的超低摩擦滑移理论分析

图 3-8 给出了典型的两个块体组成的块系岩体结构模型。该系统受动静组合载荷作用,竖直方向的瞬态冲击扰动使得块体 m_1 的初始扰动速度为 v_0,块体 m_2 受水平静载 F 的作用,块体 m_2 上下界间的摩擦力分别为 f_1 和 f_2。

下面分析这种块系岩体结构在动静组合载荷作用下的超低摩擦现象。在外界动静组合载荷作用下,块体 m_2 滑移启动时水平方向上的运动方程见式(3-14)。

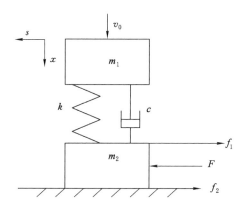

图 3-8 具有软弱连接的两块体块系岩体结构模型

$$F - f = m_2 a \tag{3-14}$$

其中,块体接触面间的摩擦力 f 可表示为:

$$f = f_1 + f_2 \tag{3-15}$$

f_1 为块体 m_1 和块体 m_2 间的摩擦力,见式(3-16);f_2 为块体 m_2 和固定边界间的摩擦力,见式(3-17)。

$$f_1 = [m_1 g + F_k] \cdot \mu \tag{3-16}$$

$$f_2 = [(m_1 + m_2)g + F_k] \cdot \mu \tag{3-17}$$

其中,$F_k = kx$ 为块体间软弱介质的弹性力;x 为块体 m_1 和块体 m_2 之间的相对位移;μ 为块体接触表面摩擦系数。因此,块体 m_2 在水平方向上的冲击滑移加速度为:

$$a = \frac{F - [2m_1 g + m_2 g + 2kx] \cdot \mu}{m_2} \tag{3-18}$$

块体滑移冲击速度为:

$$v = \int_0^t a \mathrm{d}t \tag{3-19}$$

块体滑移冲击位移为:

$$s = \int_0^t \int_0^t a \mathrm{d}^2 t \tag{3-20}$$

块系岩体参数变化对滑移冲击力的影响,见式(3-21)～式(3-23)。

$$\frac{\partial (F-f)}{\partial m_1} = -2g\mu - 2k\mu \frac{\partial x}{\partial m_1}, \frac{\partial (F-f)}{\partial m_2} = -g\mu \tag{3-21}$$

$$\frac{\partial (F-f)}{\partial k} = -2x\mu - 2k\mu \frac{\partial x}{\partial k} \tag{3-22}$$

$$\frac{\partial (F-f)}{\partial c} = -2k\mu \frac{\partial x}{\partial c} \tag{3-23}$$

当块体 m_2 滑移冲击时,需要满足不等式(3-24)。

$$F - f > 0 \tag{3-24}$$

从不等式(3-24)可以得到块体 m_2 滑移启动的临界推力 F_c,见式(3-25)。

$$F \geqslant F_c = \min[f_1 + f_2] = \min[(2m_1 g + m_2 g + 2kx)\mu] \tag{3-25}$$

F_c 是块体滑移启动的最小推力值,当在最小推力作用下块体发生滑移冲击现象时,块体间出现了超低摩擦。由(3-25)可知,最小滑移推力与块体间的相对位移 x 有关,下面对其进行分析求解。

块体 m_1 的动力响应方程为:

$$\begin{cases} m_1\ddot{x}(t) + c\dot{x}(t) + kx(t) = 0 \\ x(0) = 0 \\ \dot{x}(0) = v_0 \end{cases} \tag{3-26}$$

设方程(3-26)的解为 $x = Ae^s$,则特征方程的特征根为:

$$s_{1,2} = -\zeta\omega_n \pm \omega_n\sqrt{\zeta^2 - 1} \tag{3-27}$$

其中,$\omega_n = \sqrt{\dfrac{k}{m_1}}$ 为系统固有角频率;$\zeta = \dfrac{c}{c_c}$ 为阻尼比;$c_c = 2\sqrt{km_1}$ 为临界阻尼系数。

① 当 $\zeta > 1$(过阻尼)时,方程(3-26)的解为:

$$x(t) = \frac{\dot{x}_0}{s_1 - s_2}(e^{s_1 t} - e^{s_2 t}) \tag{3-28}$$

② 当 $\zeta = 1$(临界阻尼)时,方程(3-26)的解为:

$$x(t) = \dot{x}_0 t e^{-\omega_n t} \tag{3-29}$$

③ 当 $\zeta < 1$(小阻尼)时,方程(3-26)的解为:

$$x(t) = \frac{\dot{x}_0}{\omega_d}\sin(\omega_d t)e^{-\zeta\omega_n t} \tag{3-30}$$

$\omega_d = \omega_n\sqrt{1-\zeta^2}$ 为系统有阻尼时的固有角频率。一般情况下,块系岩体中块体间的阻尼为小阻尼情况。因此,将方程(3-30)代入式(3-25)中可得,F 取得最小值 F_c 时,时间 t 满足式(3-31)。

$$t = \frac{3\pi}{2\omega_d} \tag{3-31}$$

由式(3-31)可知,块系岩体超低摩擦发生时间与块体振动的固有角频率 ω_d 有关。此时块体滑移冲击的临界推力 F_c 满足式(3-32)。

$$F_c = \left(2m_1 g + m_2 g - 2k\frac{\dot{x}_0}{\omega_d}e^{-\zeta\omega_n\frac{3\pi}{2\omega_d}}\right)\mu \tag{3-32}$$

下面考虑块体间阻尼可忽略的情况,此时块系岩体结构中块体 m_1 的冲击动力响应方程为:

$$\begin{cases} m_1\ddot{x}(t) + kx(t) = 0 \\ x(0) = 0 \\ \dot{x}(0) = v_0 \end{cases} \tag{3-33}$$

方程(3-33)的解为:

$$x(t) = \frac{\dot{x}_0}{\omega_n}\sin(\omega_n t) \tag{3-34}$$

将方程(3-34)代入(3-25)可得 F 取得最小值 F_c 时,t 满足式(3-35)。

$$t = \frac{3\pi}{2\omega_n} \tag{3-35}$$

由式(3-35)可知,块系岩体间的超低摩擦发生时间与块体振动的固有频率 ω_n 有关。此时块体滑移冲击的临界推力 F_c 满足式(3-36)。

$$F_c = \left(2m_1g + m_2g - 2k\frac{\dot{x}_0}{\omega_n}\right)\mu \tag{3-36}$$

由式(3-32)可知,当 $c=0$ 时,同样可以得到式(3-36)。

3.2.2　两块体块系岩体的超低摩擦滑移计算分析

基于图 3-8 的块系岩体结构模型,分析两个块体在动静组合载荷作用下的摩擦滑移规律。取计算参数:$\mu=0.4$,初始扰动速度 $v_0=0.1$ m/s,$m_1=m_2=100$ kg,$k=10\,000$ kg/s^2,$c=80$ kg/s。在瞬态冲击扰动作用下,上覆块体 m_1 的冲击位移如图 3-9 所示。

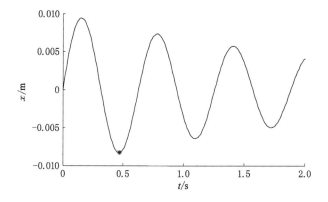

图 3-9　冲击作用下上覆块体 m_1 的冲击位移

由图 3-9 可知,上覆块体 m_1 的冲击位移呈周期波动特征,在 $t=0.47$ s 时,位移达到最小值 $-0.008\,3$ m,此时对应着块体 m_1 与块体 m_2 在冲击方向上的相对位移出现最大值,两个块体呈现最大的分离状态。上覆块体 m_1 的动能与块体间弱介质势能如图 3-10 所示。

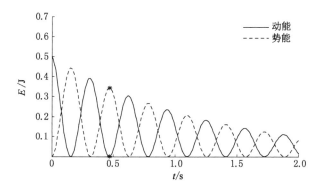

图 3-10　上覆块体 m_1 的动能与块体间弱介质势能

由图 3-10 可知,上覆块体 m_1 的动能与块体间弱介质的势能在冲击响应过程中相互转化,动能最大值对应着势能最小值。在 $t=0.47$ s 时,势能取得周期内的最大值 0.34 J,而动能为 $1.957\,2\times10^{-4}$ J,接近零,从图中可知此时的势能对应着块体间拉伸位移的最大值。

从能量转化的角度来看,超低摩擦现象是在岩块与其周围软弱介质的动能和势能相互转化过程中产生的。上覆块体 m_1 在冲击方向上的合外力变化如图 3-11 所示。

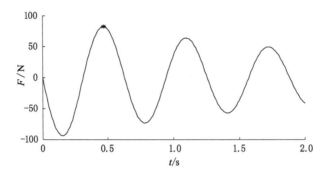

图 3-11   上覆块体 m_1 在冲击方向上的合外力变化

由图 3-11 可知,上覆块体 m_1 在冲击方向上的合外力在 $t = 0.47$ s 时达到最大值 82.31 N。图3-12 给出了滑移块体 m_2 的水平摩擦力变化。摩擦力为一波动曲线,在 $t = 0.47$ s 时取得最小值 $f = 1\ 109.7$ N,这意味着此时块体最容易克服摩擦产生滑移失稳,同时 $t = 0.47$ s 也对应着块体间的相对位移最大。摩擦力取得最大值 $F = 1251.2$ N 时块体最不容易滑移,此时对应着块体间的挤压状态。

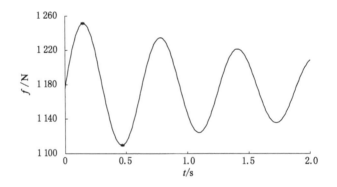

图 3-12   滑移块体 m_2 的水平摩擦力变化

图 3-13 给出了在不同水平推力 $F_{1c} = 1\ 251.2$ N 和 $F_{2c} = 1\ 109.7$ N 作用下,滑移块体 m_2 滑移启动的水平加速度变化。在 $F_{2c} = 1\ 109.7$ N 作用下,整个扰动过程中除 $t = 0.47$ s,其余时刻加速度均小于零,意味着块体仅在 $t = 0.47$ s 时瞬间启动滑移,其余时刻均保持静止状态,该时刻对应着块体间发生了超低摩擦效应。在水平推力 $F_{1c} = 1\ 251.2$ N 作用下,扰动过程中加速度始终大于零,块体一直处于运动滑移状态,但在 $t = 0.47$ s 时加速度取得最大值,此时摩擦力最小而最易造成超低摩擦滑移失稳。

图 3-14 和图 3-15 给出了在水平推力 $F = 1\ 251.2$ N 作用下,滑移块体 m_2 在水平方向上的动能和位移变化。从图 3-14 中可知,滑移块体的动能随时间呈非线性增长,这主要是因为块体间存在弱介质的周期性拉伸和挤压作用。从图 3-15 中可知,滑移块体在水平方向上的冲击位移相对于时间呈现出指数增长规律。

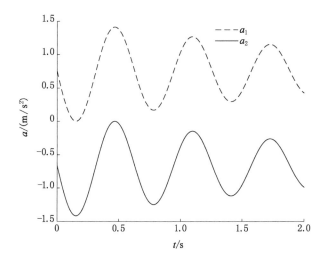

图 3-13 滑移块体 m_2 滑移启动的水平加速度变化

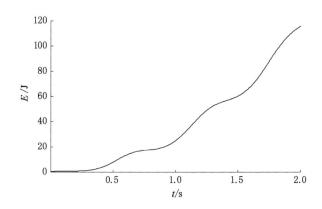

图 3-14 滑移块体 m_2 的水平方向上的动能变化

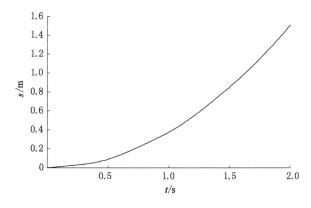

图 3-15 滑移块体 m_2 的水平方向上的位移变化

3.3 顶板-煤层-底板系统的超低摩擦滑移

3.3.1 煤岩系统超低摩擦滑移理论分析

基于图 3-16 所示的煤岩系统动力模型,分析在顶板扰动 $f(t)$ 和煤层水平静载 F 共同作用下,煤层的超低摩擦滑移效应。其中,顶板质量为 m_1,煤层质量为 m_2,底板质量为 m_3,煤层与顶底板间弱结构面简化为具有弹性系数 k_1 和 k_2 及阻尼系数 c_1 和 c_2 的黏弹性连接,煤层及其顶底板相比于弱结构面可抽象为刚体,f_1 和 f_2 为煤层与顶板及底板间的摩擦力。

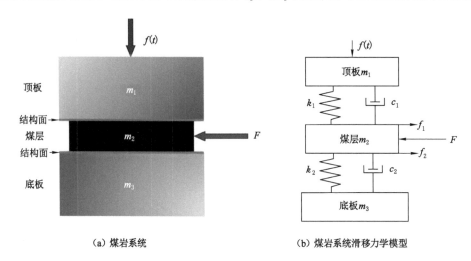

(a) 煤岩系统　　　　　　　　(b) 煤岩系统滑移力学模型

图 3-16　煤岩系统动力模型

假定在冲击扰动 $f(t)$ 作用下底板固定不动或有微弱振动但可忽略,仅煤层和顶板发生振动。煤层滑移运动的摩擦力 f 与水平静载 F 满足式(3-37)。

$$F - f = m_2 a \tag{3-37}$$

其中,$f = f_1 + f_2$,f_1 为煤层与顶板间的摩擦力,见式(3-38),f_2 为煤层与底板间的摩擦力,见式(3-39)。

$$f_1 = [m_1 g + F_{k_1}] \cdot \mu \tag{3-38}$$

$$f_2 = [(m_1 + m_2)g + F_{k_1} + F_{k_2}] \cdot \mu \tag{3-39}$$

其中,μ 为煤岩接触表面的摩擦系数,F_{k_1} 和 F_{k_2} 分别为煤岩间软弱介质变形受力[$F_{k_1} = k_1(x_1 - x_2)$,$F_{k_2} = k_2 x_2$],x_1 和 x_2 分别为顶板和煤层在冲击方向上的位移。因此,煤层 m_2 在水平方向上滑移的加速度为:

$$a = \frac{F - [2m_1 g + m_2 g + 2k_1(x_1 - x_2) + k_2 x_2] \cdot \mu}{m_2} \tag{3-40}$$

由式(3-40)可知,煤层启动滑移与煤岩系统的扰动位移和煤层的水平滑移推力等因素有关。煤层的滑移速度为:

$$v = \int_0^t a \mathrm{d}t \tag{3-41}$$

煤层的滑移位移为：

$$s = \int_0^t v \mathrm{d}t \tag{3-42}$$

煤岩系统参数对煤层滑移冲击力的影响，见式(3-43)～式(3-48)。

$$\frac{\partial(F-f)}{\partial m_1} = -2g\mu - 2k_1\mu\frac{\partial x_1}{\partial m_1} + (2k_1 - k_2)\mu \cdot \frac{\partial x_2}{\partial m_1} \tag{3-43}$$

$$\frac{\partial(F-f)}{\partial m_2} = -g\mu - 2k_1\mu\frac{\partial x_1}{\partial m_2} + (2k_1 - k_2)\mu \cdot \frac{\partial x_2}{\partial m_2} \tag{3-44}$$

$$\frac{\partial(F-f)}{\partial k_1} = -2(x_1 - x_2)\mu - 2k_1\mu\frac{\partial(x_1 - x_2)}{\partial k_1} - k_2\mu\frac{\partial x_2}{\partial k_1} \tag{3-45}$$

$$\frac{\partial(F-f)}{\partial k_2} = -2k_1\mu\frac{\partial(x_1 - x_2)}{\partial k_2} - x_2\mu - k_2\mu\frac{\partial x_2}{\partial k_2} \tag{3-46}$$

$$\frac{\partial(F-f)}{\partial c_1} = -2k_1\mu\frac{\partial x_1}{\partial c_1} + (2k_1 - k_2)\mu\frac{\partial x_2}{\partial c_1} \tag{3-47}$$

$$\frac{\partial(F-f)}{\partial c_2} = -2k_1\mu\frac{\partial x_1}{\partial c_2} + (2k_1 - k_2)\mu\frac{\partial x_2}{\partial c_2} \tag{3-48}$$

由于滑移启动时加速度 $a > 0$，则当煤层发生滑移时，煤岩间的摩擦力 f 与煤层水平推力 F 应满足不等式(3-49)。

$$F - f > 0 \tag{3-49}$$

在动载作用下煤层受顶板的正压力及底板受煤层的正压力随时间变化，因此摩擦力 f 是一个变化值，滑移启动推力 F 与摩擦力 f 的大小有关。因此，存在使煤层 m_2 滑移启动的临界推力 F_c，见式(3-50)。

$$F \geqslant F_c = \min[f_1 + f_2] = \min[(2m_1g + m_2g + 2k_1(x_1 - x_2) + k_2x_2) \cdot \mu] \tag{3-50}$$

F_c 是煤层启动滑移的最小推力值，当 $F \geqslant F_c$ 时，煤岩间启动瞬间滑移，这种现象发生时煤层与顶底板间出现了超低摩擦效应。

式(3-50)与顶板和煤层在冲击作用下的位移有关，图 3-16 的煤岩系统位移动力响应方程矩阵形式如下：

$$\begin{bmatrix} m_1 & 0 \\ 0 & m_2 \end{bmatrix} \cdot \begin{bmatrix} \ddot{x}_1 \\ \ddot{x}_2 \end{bmatrix} + \begin{bmatrix} c_1 & -c_1 \\ -c_1 & c_1 + c_2 \end{bmatrix} \cdot \begin{bmatrix} \dot{x}_1 \\ \dot{x}_2 \end{bmatrix} + \begin{bmatrix} k_1 & -k_1 \\ -k_1 & k_1 + k_2 \end{bmatrix} \cdot \begin{bmatrix} x_1 \\ x_2 \end{bmatrix} = \begin{bmatrix} 0 \\ 0 \end{bmatrix} \tag{3-51}$$

方程(3-51)是方程(2-1)在 $n=2$ 的情况，类似解(2-4)可知方程(3-51)的解，见式(3-52)。

$$\boldsymbol{y} = [x_1, x_2, \dot{x}_1, \dot{x}_2]^{\mathrm{T}} = \boldsymbol{\Phi d q}_0 \tag{3-52}$$

其中，$\boldsymbol{\Phi} = [\phi_1, \phi_2, \phi_3, \phi_4]$，$\boldsymbol{d} = \mathrm{diag}(\mathrm{e}^{\lambda_1 t}, \mathrm{e}^{\lambda_2 t}, \mathrm{e}^{\lambda_3 t}, \mathrm{e}^{\lambda_4 t})$，$\boldsymbol{q}_0 = \boldsymbol{a}^{-1}\boldsymbol{\Phi}^{\mathrm{T}}\boldsymbol{A}\boldsymbol{y}(0)$，$\boldsymbol{y}(0) = [x_{10}, x_{20}, \dot{x}_{10}, \dot{x}_{20}]^{\mathrm{T}}$ 为煤岩系统的初始条件。由式(3-52)可知，顶板和煤层的位移分别如下：

$$x_1 = [\boldsymbol{\Phi d q}_0]_{11} \tag{3-53}$$

$$x_2 = [\boldsymbol{\Phi d q}_0]_{21} \tag{3-54}$$

将式(3-53)和式(3-54)代入式(3-50)，可分析煤岩系统的超低摩擦启动。

在方程(3-51)中，若忽略煤层和顶底板间弱介质的阻尼作用时，顶板和煤层的冲击位移响应见式(3-55)。

$$\begin{bmatrix} m_1 & 0 \\ 0 & m_2 \end{bmatrix} \cdot \begin{bmatrix} \ddot{x}_1 \\ \ddot{x}_2 \end{bmatrix} + \begin{bmatrix} k_1 & -k_1 \\ -k_1 & k_1 + k_2 \end{bmatrix} \cdot \begin{bmatrix} x_1 \\ x_2 \end{bmatrix} = \begin{bmatrix} 0 \\ 0 \end{bmatrix} \tag{3-55}$$

设方程(3-55)的一组解为：

$$\begin{bmatrix} x_1 \\ x_2 \end{bmatrix} = \begin{bmatrix} A\cos(\omega t - \varphi) \\ B\cos(\omega t - \varphi) \end{bmatrix} \tag{3-56}$$

将式(3-56)代入式(3-55)可得式(3-57)。

$$\begin{bmatrix} k_1 - m_1\omega^2 & -k_1 \\ -k_1 & k_1 + k_2 - m_2\omega^2 \end{bmatrix} \cdot \begin{bmatrix} A \\ B \end{bmatrix} = \begin{bmatrix} 0 \\ 0 \end{bmatrix} \tag{3-57}$$

方程(3-57)的频率方程为式(3-58)。

$$\begin{vmatrix} k_1 - m_1\omega^2 & -k_1 \\ -k_1 & k_1 + k_2 - m_2\omega^2 \end{vmatrix} = 0 \tag{3-58}$$

由频率方程(3-58)解得 ω，见式(3-59)。

$$\omega_{1,2}^2 = \frac{\beta}{2\alpha} \mp \frac{1}{2}\sqrt{\left(\frac{\beta}{\alpha}\right)^2 - 4\frac{\gamma}{\alpha}} \tag{3-59}$$

其中，$\alpha = m_1 \cdot m_2$，$\beta = k_1 m_2 + m_1(k_1 + k_2)$，$\gamma = k_1 \cdot k_2$。从物理意义上看，$\omega_1$ 和 ω_2 只取正值。

当 $\omega = \omega_1$ 时，由式(3-57)可得式(3-60)。

$$\frac{B_1}{A_1} = \frac{k_1 - m_1\omega_1^2}{k_1} = \frac{k_1}{k_1 + k_2 - m_2\omega_1^2} = p_1 < 1 \tag{3-60}$$

当 $\omega = \omega_2$ 时，由式(3-57)可得式(3-61)。

$$\frac{B_2}{A_2} = \frac{k_1 - m_1\omega_2^2}{k_1} = \frac{k_1}{k_1 + k_2 - m_2\omega_2^2} = p_2 < 1 \tag{3-61}$$

因此，煤岩系统动力响应方程(3-55)的位移解为式(3-62)。

$$\begin{bmatrix} x_1 \\ x_2 \end{bmatrix} = \begin{bmatrix} A_1\cos(\omega_1 t - \varphi_1) + A_2\cos(\omega_2 t - \varphi_2) \\ B_1\cos(\omega_1 t - \varphi_1) + B_2\cos(\omega_2 t - \varphi_2) \end{bmatrix} \tag{3-62}$$

根据式(3-60)和式(3-61)，式(3-62)可表示为式(3-63)。

$$\begin{bmatrix} x_1 \\ x_2 \end{bmatrix} = \begin{bmatrix} 1 & 1 \\ p_1 & p_2 \end{bmatrix} \cdot \begin{bmatrix} A_1\cos(\omega_1 t - \varphi_1) \\ A_2\cos(\omega_2 t - \varphi_2) \end{bmatrix} \tag{3-63}$$

令煤岩系统的初始扰动条件为：$x_1(0) = x_{10}$，$x_2(0) = x_{20}$，$\dot{x}_1(0) = \dot{x}_{10}$，$\dot{x}_2(0) = \dot{x}_{20}$，将初始条件代入式(3-63)，可得：

$$A_1 = \frac{1}{|p_2 - p_1|}\sqrt{(x_{20} - p_2 x_{10})^2 + \frac{(p_2\dot{x}_{10} - \dot{x}_{20})^2}{\omega_1^2}} \tag{3-64}$$

$$A_2 = \frac{1}{|p_2 - p_1|}\sqrt{(x_{20} - p_1 x_{10})^2 + \frac{(\dot{x}_{20} - p_1\dot{x}_{10})^2}{\omega_2^2}} \tag{3-65}$$

$$\varphi_1 = \begin{cases} \arctan\dfrac{p_2\dot{x}_{10} - \dot{x}_{20}}{\omega_1(p_2 x_{10} - x_{20})}, & \dfrac{p_2 x_{10} - x_{20}}{p_2 - p_1} > 0 \\[3mm] \pi + \arctan\dfrac{p_2\dot{x}_{10} - \dot{x}_{20}}{\omega_1(p_2 x_{10} - x_{20})}, & \dfrac{p_2 x_{10} - x_{20}}{p_2 - p_1} < 0 \end{cases} \tag{3-66}$$

$$\varphi_2 = \begin{cases} \arctan \dfrac{(p_1 \dot{x}_{10} - \dot{x}_{20})}{\omega_2 (p_1 x_{10} - x_{20})}, & \dfrac{x_{20} - p_1 x_{10}}{p_2 - p_1} > 0 \\ \pi + \arctan \dfrac{(p_1 \dot{x}_{10} - \dot{x}_{20})}{\omega_2 (p_1 x_{10} - x_{20})}, & \dfrac{x_{20} - p_1 x_{10}}{p_2 - p_1} < 0 \end{cases} \tag{3-67}$$

将式(3-63)中的 x_1 和 x_2 代入式(3-50),可分析煤岩系统中煤层的超低摩擦滑移启动。

3.3.2　煤岩系统超低摩擦滑移计算分析

下面对煤岩系统中的煤层超低摩擦滑移规律进行计算分析。取计算参数为:煤岩界面摩擦系数 $\mu = 0.4$,顶板初始扰动速度 $v_0 = 0.1$ m/s,顶板和煤层的质量 $m_1 = m_2 = 100$ kg,煤层与顶底板间弱介质的弹性系数 $k_1 = k_2 = 10\ 000$ kg/s^2,阻尼系数 $c_1 = c_2 = 80$ kg/s,则在初始扰动作用下顶板与煤层以及煤层与底板间在冲击方向上的相对位移,如图 3-17 所示。

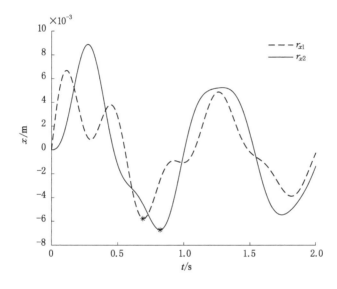

图 3-17　煤层与顶底板间的相对位移

由图 3-17 可知,顶板和煤层间的相对位移 r_{x1} 及煤层与底板间的相对位移 r_{x2} 呈现不规则的波动特征,其中 r_{x1} 在 $t = 0.69$ s 时达到最小值 $-0.005\ 8$ m,r_{x2} 在 $t = 0.82$ s 时达到最小值 $-0.006\ 7$ m。在这两个时间点上分别对应着煤层与顶板及底板间的最大分离状态。煤层与顶底板间的摩擦力如图 3-18 所示。

由图 3-18 可知,煤层与顶底板间的摩擦力出现周期性波动变化,在 $t = 0.71$ s 时摩擦力出现最小值 $1\ 110.5$ N,最小摩擦力出现的时间点介于煤层与顶板及底板分别出现最大分离处的时间点之间。当 $t = 0.14$ s 时摩擦力出现最大值 $1\ 240.7$ N。在水平推力 $F = 1\ 240.7$ N 的作用下,煤层的水平滑移加速度如图 3-19 所示。

由图 3-19 可知,煤层沿水平静载方向滑移的加速度呈周期性变化,在 $t = 0.71$ s 时加速度取得最大值 1.3 m/s^2,此时煤层滑移运动最强烈。

图 3-20 和图 3-21 为在水平推力 $F = 1\ 240.7$ N 作用下,煤层在水平方向上滑移的动能和位移变化。由图 3-20 可知,煤层的滑移动能经历了平稳期和迅速增长期的交替变化,这

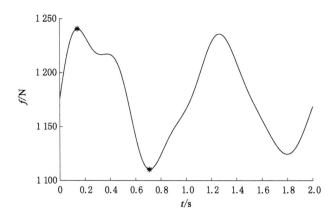

图 3-18　煤层与顶底板间的摩擦力

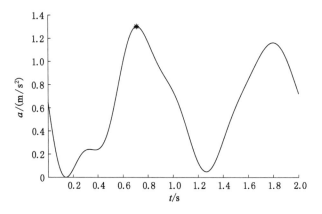

图 3-19　煤层水平滑移加速度

主要是因为顶底板对煤层的周期性挤压作用造成的。由图 3-21 可知,煤层在滑移方向上的冲击位移相对于时间呈现指数增长规律。

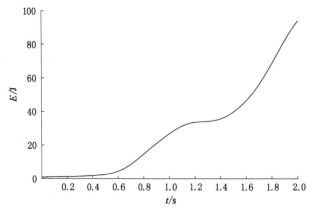

图 3-20　煤层滑移动能

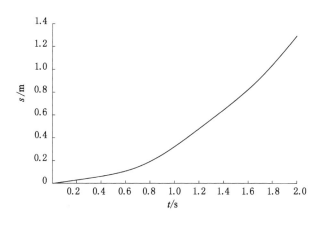

图 3-21　煤层滑移位移

4 二维摆型波传播的块系岩体动力响应 计算分析

Aleksandrova 等[41]给出了二维块系岩体结构模型,如图 4-1 所示,其中块体相比块体间的软弱连接介质可抽象为刚体,其质量为 m_i,块体间由软弱介质连接,其刚度为 k_i。本章基于此模型计算摆型波在块系岩体结构中传播的位移场、速度场和动能场变化。

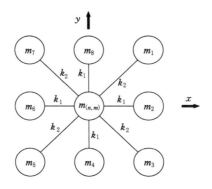

图 4-1 二维块系岩体结构模型

二维块系岩体的动力学方程为:

$$\begin{cases} m\,\ddot{u}_{n,m} = F^2 - F^6 + (F^1 + F^5 + F^3 + F^7)/\sqrt{2} + Q_x \\ m\,\ddot{v}_{n,m} = F^8 - F^4 + (F^1 + F^5 - F^3 - F^7)/\sqrt{2} + Q_y \end{cases} \quad (4\text{-}1)$$

在方程(4-1)中,u 和 v 分别是 x 和 y 方向的位移,n 和 m 分别是 x 和 y 方向上的块体坐标,Q_x 和 Q_y 是 x 和 y 方向上的外力。$F^i (i=1,\cdots,8)$ 是相邻块体间的作用力,见式(4-2)。

$$\begin{cases} F^1 = k_2 (u_{n+1,m+1} - u_{n,m} + v_{n+1,m+1} - v_{n,m})/\sqrt{2} \\ F^2 = k_1 (u_{n+1,m} - u_{n,m}) \\ F^3 = k_2 (u_{n+1,m-1} - u_{n,m} + v_{n,m} - v_{n+1,m-1})/\sqrt{2} \\ F^4 = k_1 (v_{n,m} - v_{n,m-1}) \\ F^5 = k_2 (u_{n-1,m-1} - u_{n,m} + v_{n-1,m-1} - v_{n,m})/\sqrt{2} \\ F^6 = k_1 (u_{n,m} - u_{n-1,m}) \\ F^7 = k_2 (u_{n-1,m+1} - u_{n,m} + v_{n,m} - v_{n-1,m+1})/\sqrt{2} \\ F^8 = k_1 (v_{n,m+1} - v_{n,m}) \end{cases} \quad (4\text{-}2)$$

其中,k_1 是轴线方向上的弹性系数,k_2 是对角线方向的弹性系数。将方程(4-2)代入方程(4-1)得方程(4-3)。

$$\begin{cases} m\ddot{u}_{n,m} = k_1(u_{n+1,m} - 2u_{n,m} + u_{n-1,m}) + k_2(u_{n+1,m+1} + u_{n-1,m-1} + u_{n+1,m-1} + u_{n-1,m+1} - 4u_{n,m})/2 + \\ \qquad k_2(v_{n+1,m+1} + v_{n-1,m+1} - v_{n-1,m+1} - v_{n+1,m-1})/2 + Q_x \\ m\ddot{v}_{n,m} = k_1(v_{n+1,m} - 2v_{n,m} + v_{n-1,m}) + k_2(u_{n+1,m+1} + u_{n-1,m-1} - u_{n+1,m-1} + u_{n-1,m+1})/2 + \\ \qquad k_2(v_{n+1,m+1} + v_{n-1,m+1} - v_{n-1,m+1} + v_{n+1,m-1} - 4v_{n,m})/2 + Q_y \end{cases}$$

$$(4\text{-}3)$$

下面通过数值差分求解方程(4-3),研究轴向及对角线方向上块体间弱介质弹性系数(也称"弹性模量")对岩体动力传播的影响,分析二维块系岩体的动力传播规律。

4.1　块系岩体动力响应的位移场

4.1.1　块体间弱介质弹性系数各向同性时岩体动力传播的位移场分析

若轴向及对角线方向上的块体间弱介质弹性系数相同,即 $k_1 = k_2$,分析块系岩体动力传播的位移场。选取 200 块×200 块的块系岩体,各块体质量 $m_i = 1$ kg,初始扰动条件为 $v = 1$ m/s。选取 4 组弹性系数,分析不同弹性系数下块系岩体动力传播的位移场,如图 4-2~图 4-5 所示。

(1) $k_1 = k_2 = 1$ Pa 时,块系岩体位移场如图 4-2 所示。

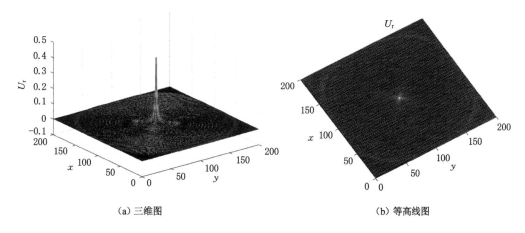

(a) 三维图　　　　　　　　　　　　　　(b) 等高线图

图 4-2　$k_1 = k_2 = 1$ Pa 时块系岩体的位移场

注:坐标 x、y 代表在平面块系岩体中两个垂直方向上岩块的数目,单位为块数。
　　U_r 表示块系岩体中各岩块的位移,单位为 m。下同。

从图 4-2 可知,当块体间弱介质的弹性系数均相同且 $k_1 = k_2 = 1$ Pa 时,块系岩体扰动源处(100,100)位移响应最大,由扰动源处向外传播,块体位移先骤降而后逐渐保持平稳直至传播到边界,整个块系岩体的位移场传播形状近似圆形。

(2) $k_1 = k_2 = 0.8$ Pa 时,块系岩体位移场如图 4-3 所示。

从图 4-3 可知,当块体间弱介质的弹性系数均相同且 $k_1 = k_2 = 0.8$ Pa 时,传播特征与图 4-2 所表现出来的传播规律相同,但与图 4-2($k_1 = k_2 = 1$ Pa)相比,扰动源处岩块位移峰值增大且位移场在块系岩体中的传播距离缩短。

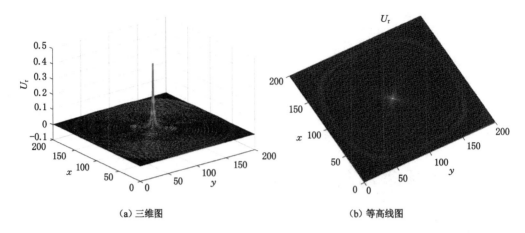

(a) 三维图　　　　　　　　　　　(b) 等高线图

图 4-3 $k_1=k_2=0.8$ Pa 时块系岩体的位移场

（3）$k_1=k_2=0.5$ Pa 时，块系岩体位移场如图 4-4 所示。

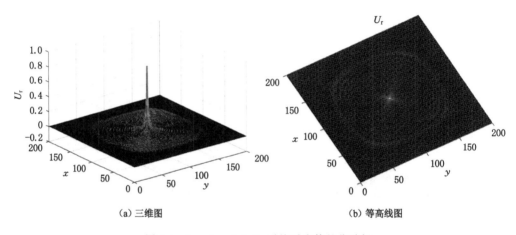

(a) 三维图　　　　　　　　　　　(b) 等高线图

图 4-4 $k_1=k_2=0.5$ Pa 时块系岩体的位移场

从图 4-4 可知，当块体间弱介质的弹性系数均相同且 $k_1=k_2=0.5$ Pa 时，传播特征与图 4-2 所表现出来的传播规律相同，但与图 4-3（$k_1=k_2=0.8$ Pa）相比，扰动源处岩块位移峰值增大且位移场在块系岩体中的传播距离缩短。

（4）$k_1=k_2=0.2$ Pa 时，块系岩体位移场如图 4-5 所示。

从图 4-5 可知，当块体间弱介质的弹性系数均相同且 $k_1=k_2=0.2$ Pa 时，传播特征与图 4-2 所表现出来的传播规律相同，但与图 4-4（$k_1=k_2=0.5$ Pa）相比，扰动源处岩块位移峰值增大且位移场在块系岩体中的传播距离缩短。

4.1.2 块体间弱介质弹性系数各向异性时岩体动力传播的位移场分析

下面分析块系岩体间弱介质弹性系数不同（即 $k_1 \neq k_2$）时，岩体动力传播的位移场。试验分为两组，第一组保持轴向块体间 $k_1=1$ Pa 不变，k_2 分别取 k_1 的 80%、50%、20%；第二组保持对角线方向块体间 $k_2=1$ Pa 持不变，k_1 分别取 k_2 的 80%、50%、20%。比较分析块

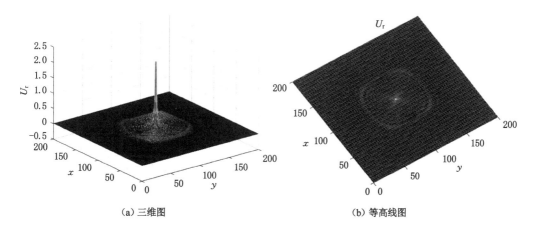

（a）三维图　　　　　　　　（b）等高线图

图 4-5　当 $k_1 = k_2 = 0.2$ Pa 时块系岩体的位移场

体间弹性系数的变化大小和方向对块系岩体动力传播位移场的影响，如图 4-6～图 4-11 所示。

（1）$k_1 = 1$ Pa、$k_2 = 0.8$ Pa 时，块系岩体位移场如图 4-6 所示。

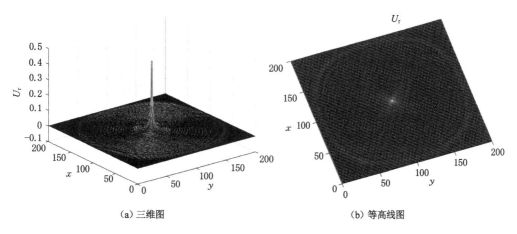

（a）三维图　　　　　　　　（b）等高线图

图 4-6　$k_1 = 1$ Pa、$k_2 = 0.8$ Pa 时块系岩体的位移场

从图 4-6 可知，当轴向与对角线方向块体间弱介质弹性系数分别为 $k_1 = 1$ Pa、$k_2 = 0.8$ Pa 时，位移场的形态接近 $k_1 = k_2 = 1$ Pa 时的位移场（见图 4-2），但与图 4-2 相比位移峰值略大。

（2）$k_1 = 1$ Pa、$k_2 = 0.5$ Pa 时，块系岩体位移场如图 4-7 所示。

从图 4-7 可知，当轴向与对角线方向块体间弱介质弹性系数分别为 $k_1 = 1$ Pa、$k_2 = 0.5$ Pa 时，位移场传播形状为圆形，但与图 4-6（$k_1 = 1$ Pa、$k_2 = 0.8$ Pa）相比，块系岩体的位移场峰值进一步增大，位移场影响范围变小。

（3）$k_1 = 1$ Pa、$k_2 = 0.2$ Pa 时，块系岩体位移场如图 4-8 所示。

从图 4-8 可知，当轴向与对角线方向块体间弱介质弹性系数分别为 $k_1 = 1$ Pa、$k_2 = 0.2$ Pa 时，位移场形状呈现蝶形且蝶形两翼沿轴线方向，轴线方向的位移幅值明显增大，位移场的边界近似为圆形。同时，与图 4-7（$k_1 = 1$ Pa、$k_2 = 0.5$ Pa）相比，位移场峰值增大，位移场影

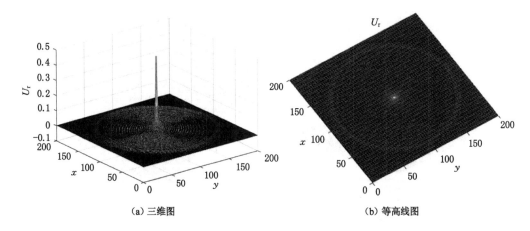

（a）三维图　　　　　　　　　　（b）等高线图

图 4-7　$k_1 = 1$ Pa、$k_2 = 0.5$ Pa 时块系岩体的位移场

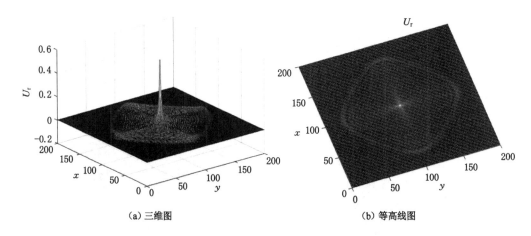

（a）三维图　　　　　　　　　　（b）等高线图

图 4-8　$k_1 = 1$ Pa、$k_2 = 0.2$ Pa 时块系岩体的位移场

响范围变小。

（4）$k_1 = 0.8$ Pa、$k_2 = 1$ Pa 时,块系岩体位移场如图 4-9 所示。

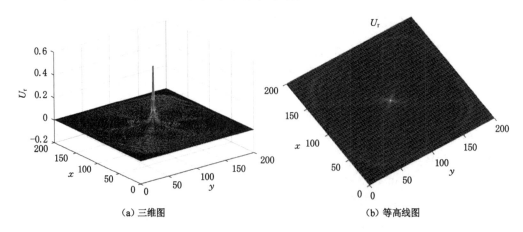

（a）三维图　　　　　　　　　　（b）等高线图

图 4-9　$k_1 = 0.8$ Pa、$k_2 = 1$ Pa 时块系岩体的位移场

从图 4-9 可知,此时位移场与图 4-6($k_1=1$ Pa、$k_2=0.8$ Pa)的位移场形态类似,但扰动源区域位移峰值变大。

（5）$k_1=0.5$ Pa、$k_2=1$ Pa 时,块系岩体位移场如图 4-10 所示。

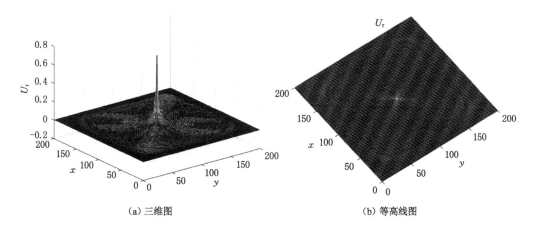

（a）三维图　　　　　　　　　　　（b）等高线图

图 4-10　$k_1=0.5$ Pa、$k_2=1$ Pa 时块系岩体的位移场

从图 4-10 可知,位移场形态与图 4-7($k_1=1$ Pa、$k_2=0.5$ Pa)的位移场形态区别较大,位移场不再是圆形而是有蝶形趋势,且扰动源区域位移峰值变大。

（6）$k_1=0.2$ Pa、$k_2=1$ Pa 时,块系岩体位移场如图 4-11 所示。

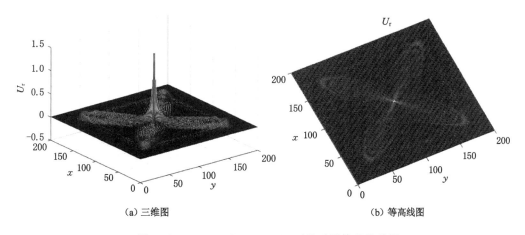

（a）三维图　　　　　　　　　　　（b）等高线图

图 4-11　$k_1=0.2$ Pa、$k_2=1$ Pa 时块系岩体的位移场

从图 4-11 可知,位移场沿对角线方向产生明显的蝶形且在蝶形两翼方向上传播的位移幅值更加明显,与图 4-8($k_1=1$ Pa、$k_2=0.2$ Pa)相比蝶形的两翼方向相反,且扰动源区域位移峰值变大。

4.2　块系岩体动力响应的速度场

下文研究在轴向及对角线方向上块体间的弱介质弹性系数变化时块系岩体的速度场与动力传播规律。

4.2.1　块体间弱介质弹性系数各向同性时岩体动力传播的速度场分析

当 $k_1 = k_2$ 时，同样选取 4.1.1 所述的 4 组弹性系数，分析不同弹性系数下块系岩体的动力传播速度场，如图 4-12～图 4-15 所示。

（1）$k_1 = k_2 = 1$ Pa 时，块系岩体速度场如图 4-12 所示。

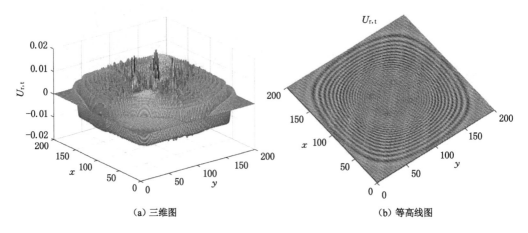

(a) 三维图　　　　　　　　　　　　(b) 等高线图

图 4-12　$k_1 = k_2 = 1$ Pa 时块系岩体的速度场

注：$U_{r,t}$ 表示块系岩体中各岩块的速度，单位为 m/s，下同。

从图 4-12 可知，在块系岩体扰动源处的速度并非最大值，块体速度的最大值出现在距离扰动源 (100,100) 20 个块体单元处的 4 个中心对称位置上，速度场向外传播形态近似为圆形。

（2）$k_1 = k_2 = 0.8$ Pa 时，块系岩体速度场如图 4-13 所示。

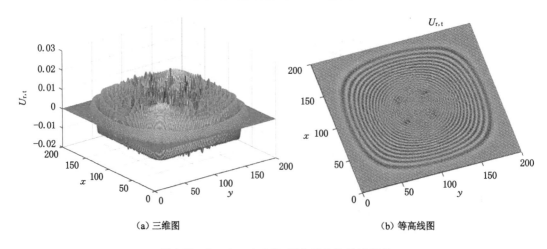

(a) 三维图　　　　　　　　　　　　(b) 等高线图

图 4-13　$k_1 = k_2 = 0.8$ Pa 时块系岩体的速度场

从图 4-13 可知，此时速度场的最大值出现在距扰动源 (100,100) 17 个块体单元处的 4 个中心对称位置上，但与图 4-12 ($k_1 = k_2 = 1$ Pa) 相比，速度场的峰值增大，传播距离变小。

（3）$k_1 = k_2 = 0.5$ Pa 时，块系岩体速度场如图 4-14 所示。

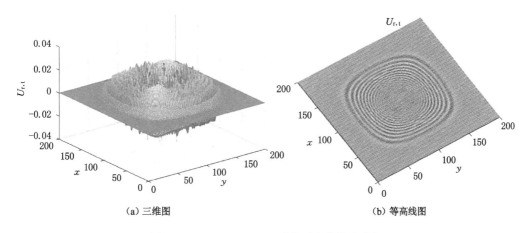

图 4-14　$k_1 = k_2 = 0.5$ Pa 时块系岩体的速度场

从图 4-14 可知,速度场的最大值出现在距扰动源(100,100)16 个块体单元处的 4 个中心对称位置上,但与图 4-13($k_1 = k_2 = 0.8$ Pa)相比,块系岩体的速度场峰值增大,传播距离变小。

(4) $k_1 = k_2 = 0.2$ Pa 时,块系岩体速度场如图 4-15 所示。

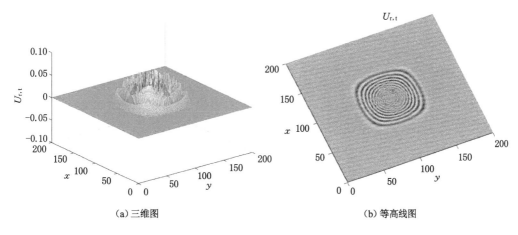

图 4-15　$k_1 = k_2 = 0.2$ Pa 时块系岩体的速度场

从图 4-15 可知,速度场的最大值出现在距扰动源(100,100)8 个块体单元处的 4 个中心对称位置上,但与图 4-14($k_1 = k_2 = 0.5$ Pa)相比,块系岩体的速度场峰值增大,传播距离变小。

4.2.2　块体间弱介质弹性系数各向异性时岩体动力传播的速度场分析

当 $k_1 \neq k_2$ 时,同样分为两组考虑,第一组保持轴向块体间 $k_1 = 1$ Pa 不变,k_2 分别取 k_1 的 80%、50%、20%;第二组保持对角线方向块体间 $k_2 = 1$ Pa 不变,k_1 分别取 k_2 的 80%、50%、20%。比较分析块体间弹性系数变化的大小和方向对速度场的影响,如图 4-16~图 4-21。

(1) $k_1 = 1$ Pa、$k_2 = 0.8$ Pa 时,块系岩体速度场如图 4-16 所示。

从图 4-16 可知,此时速度场的最大值出现在距扰动源(100,100)16 个块体单元处的 4

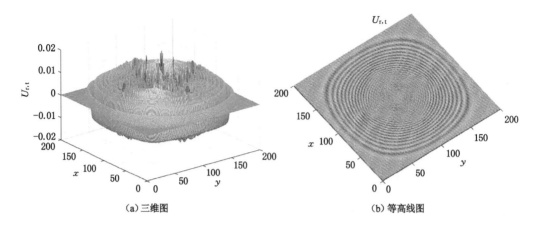

（a）三维图 　　　　　　　　　（b）等高线图

图 4-16　$k_1 = 1$ Pa、$k_2 = 0.8$ Pa 时块系岩体的速度场

个中心对称位置上，速度场形态近似为圆形，但与图 4-12（$k_1 = k_2 = 1$ Pa）相比，速度场峰值增大，传播距离变小。

（2）$k_1 = 1$ Pa、$k_2 = 0.5$ Pa 时，块系岩体速度场如图 4-17 所示。

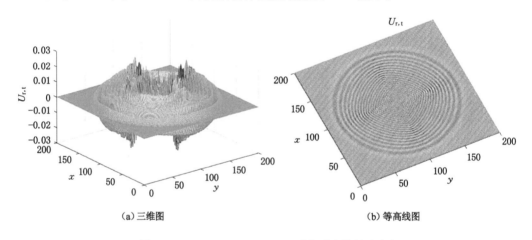

（a）三维图 　　　　　　　　　（b）等高线图

图 4-17　$k_1 = 1$ Pa、$k_2 = 0.5$ Pa 时块系岩体的速度场

从图 4-17 可知，速度场的最大值出现在距扰动源（100,100）50 个块体单元处的 4 个中心对称位置上，速度场形态呈圆形。但与图 4-16（$k_1 = 1$ Pa、$k_2 = 0.8$ Pa）相比，速度场峰值变大，传播的距离变小。

（3）$k_1 = 1$ Pa、$k_2 = 0.2$ Pa 时，块系岩体速度场如图 4-18 所示。

从图 4-18 可知，速度场的最大值出现在距扰动源（100,100）40 个块体单元处的 4 个中心对称位置上，速度场波动形态出现明显的蝶形，但与图 4-17 相比（$k_1 = 1$ Pa、$k_2 = 0.5$ Pa），速度场峰值变大，传播距离变小。

（4）$k_1 = 0.8$ Pa、$k_2 = 1$ Pa 时，块系岩体速度场如图 4-19 所示。

从图 4-19 可知，速度场出现蝶形，但与图 4-16（$k_1 = 1$ Pa、$k_2 = 0.8$ Pa）相比，速度场峰值变大且峰值出现在更远离扰动源处的位置。

（5）$k_1 = 0.5$ Pa、$k_2 = 1$ Pa 时，块系岩体速度场如图 4-20 所示。

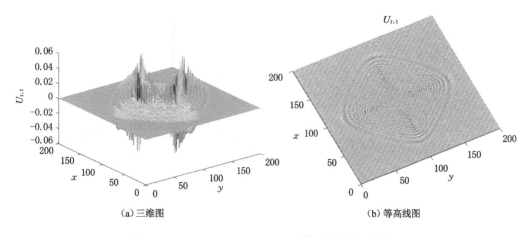

（a）三维图　　　　　　　　　　　　（b）等高线图

图 4-18　$k_1 = 1$ Pa、$k_2 = 0.2$ Pa 时块系岩体的速度场

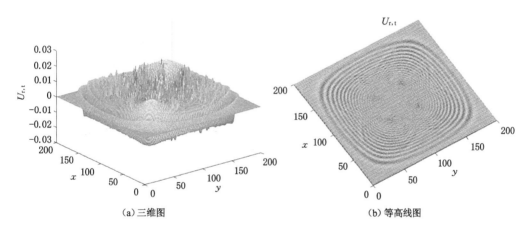

（a）三维图　　　　　　　　　　　　（b）等高线图

图 4-19　$k_1 = 0.8$ Pa、$k_2 = 1$ Pa 时块系岩体的速度场

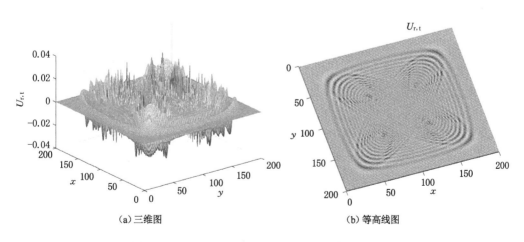

（a）三维图　　　　　　　　　　　　（b）等高线图

图 4-20　$k_1 = 0.5$ Pa、$k_2 = 1$ Pa 时块系岩体的速度场

从图 4-20 可知,此时速度场呈现沿对角线方向形成蝶形,与图 4-17($k_1=1$ Pa、$k_2=0.5$ Pa)相比,速度场峰值变大且峰值出现在更远离扰动源处的对称位置上。

（6）$k_1=0.2$ Pa、$k_2=1$ Pa 时,块系岩体速度场如图 4-21 所示。

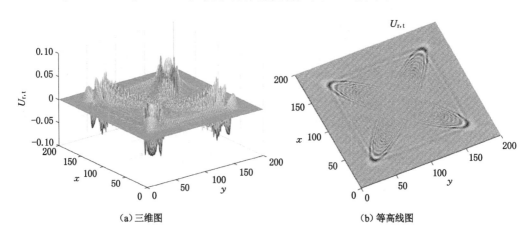

（a）三维图　　　　　　　　　　（b）等高线图

图 4-21　$k_1=0.2$ Pa、$k_2=1$ Pa 时块系岩体的速度场

从图 4-21 可知,速度场形态呈现明显的沿对角线方向的蝶形形状,与图 4-18($k_1=1$ Pa、$k_2=0.2$ Pa)相比,速度场峰值变大且峰值出现在更远离扰动源位置的蝶形尾部。

4.3　块系岩体动力响应的动能场

基于理论模型计算,分析在轴向及对角线方向上块体间弱介质弹性系数变化对动能场的影响。

4.3.1　块体间弱介质弹性系数各向同性时岩体动力传播的动能场分析

当 $k_1=k_2$ 时,同样选取 4 组弹性系数,分析不同弹性系数对块系岩体动力传播动能场的影响,如图 4-22～图 4-25 所示。

（1）$k_1=k_2=1$ Pa 时,块系岩体动能场如图 4-22 所示。

从图 4-22 可知,动能场的最大值出现在距离扰动源(100,100)20 个块体单元处的 4 个中心对称位置上,动能场形状近似为圆形,在远场处的动能值要大于近场处的幅值。

（2）$k_1=k_2=0.8$ Pa 时,块系岩体动能场如图 4-23 所示。

从图 4-23 可知,动能场的传播规律同图 4-22,但动能场的最大值出现在距离扰动源(100,100)的第 17 个块体处,与图 4-22($k_1=k_2=1$ Pa)相比,动能场的峰值增大,传播距离变小。

（3）$k_1=k_2=0.5$ Pa 时,块系岩体动能场如图 4-24 所示。

从图 4-24 可知,动能场的传播规律同图 4-22,但动能场最大值出现在距离扰动源(100,100)的第 16 个块体处,与图 4-23($k_1=k_2=0.8$ Pa)相比,动能场的峰值增大,传播距离变小。

（4）$k_1=k_2=0.2$ Pa 时,块系岩体动能场如图 4-25 所示。

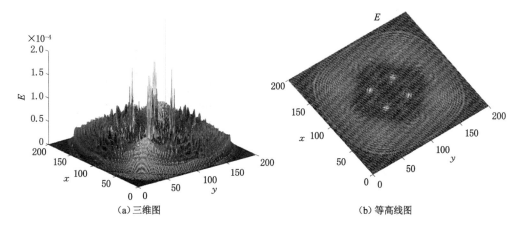

图 4-22 $k_1 = k_2 = 1$ Pa 时块系岩体的动能场

注:E 表示块系岩体中各岩块的动能,单位为 J,下同。

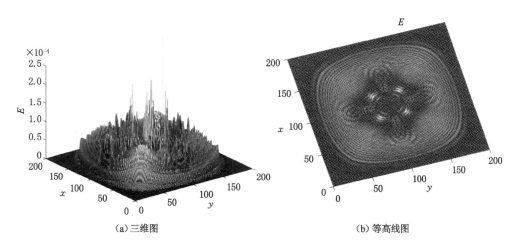

图 4-23 $k_1 = k_2 = 0.8$ Pa 时块系岩体的动能场

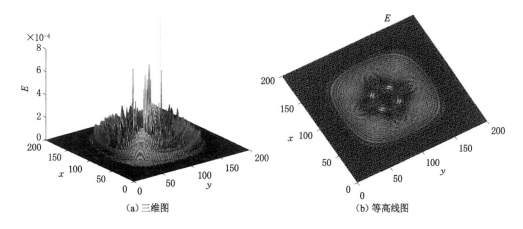

图 4-24 $k_1 = k_2 = 0.5$ Pa 时块系岩体的动能场

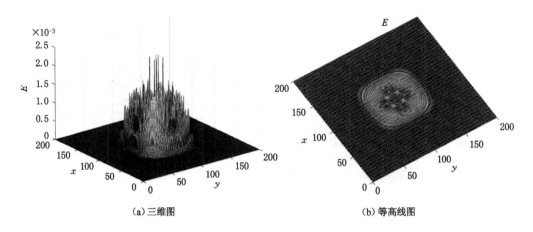

(a)三维图　　　　　　　　　　(b)等高线图

图 4-25　$k_1=k_2=0.2$ Pa 时块系岩体的动能场

从图 4-25 可知,动能场的传播规律同图 4-22,但动能场最大值出现在距离扰动源(100,100)的第 8 个块体处,与图 4-24($k_1=k_2=0.5$ Pa)相比,动能场的峰值减小且传播距离变小。

4.3.2　块体间弱介质弹性系数各向异性时岩体动力传播的动能场分析

当 $k_1 \neq k_2$ 时,分为两组,第一组保持轴向块体间 $k_1=1$ Pa 不变,k_2 分别取 k_1 的 80%、50%、20%;第二组保持对角线方向块体间 $k_2=1$ Pa 持不变,k_1 分别取 k_2 的 80%、50%、20%。比较分析块体间弹性系数的变化大小和方向对块系岩体动力传播动能场的影响,如图 4-26～图 4-31。

(1) $k_1=1$ Pa、$k_2=0.8$ Pa 时,块系岩体动能场如图 4-26 所示。

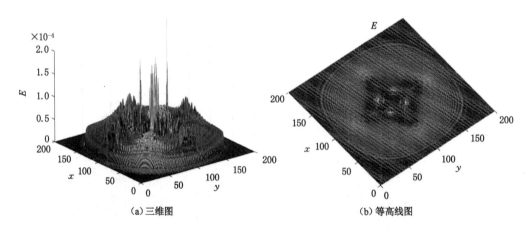

(a)三维图　　　　　　　　　　(b)等高线图

图 4-26　$k_1=1$ Pa、$k_2=0.8$ Pa 时块系岩体的动能场

从图 4-26 可知,在距离扰动源(100,100)16 个块体处的动能取得峰值,动能场形状近似为圆形,其传播特征与图 4-21($k_1=k_2=1$ Pa)较为接近。

(2) $k_1=1$ Pa、$k_2=0.5$ Pa 时,块系岩体动能场如图 4-27 所示。

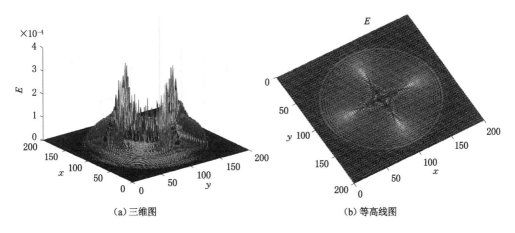

（a）三维图　　　　　　　　　　　　（b）等高线图

图 4-27　$k_1 = 1$ Pa、$k_2 = 0.5$ Pa 时块系岩体的动能场

从图 4-27 可知，在距离扰动源（100,100）50 个块体处动能取得峰值，动能场形态为圆形且出现沿轴线方向的蝶形分布，但与图 4-26（$k_1 = 1$ Pa、$k_2 = 0.8$ Pa）相比，动能场峰值变大且传播距离变小。

（3）$k_1 = 1$ Pa、$k_2 = 0.2$ Pa 时，块系岩体动能场如图 4-28 所示。

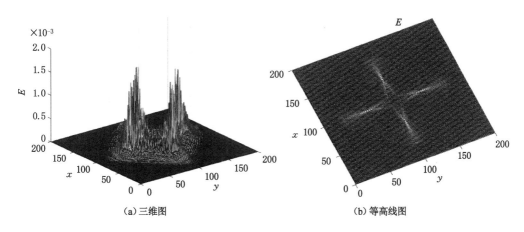

（a）三维图　　　　　　　　　　　　（b）等高线图

图 4-28　$k_1 = 1$ Pa、$k_2 = 0.2$ Pa 时块系岩体的动能场

从图 4-28 可知，在距离扰动源（100,100）40 个块体处动能取得峰值，动能场表现为沿轴线方向上的蝶形分布，但与图 4-27（$k_1 = 1$ Pa、$k_2 = 0.5$ Pa）相比，动能场峰值变大且传播距离变小。

（4）$k_1 = 0.8$ Pa、$k_2 = 1$ Pa 时，块系岩体动能场如图 4-29 所示。

从图 4-29 可知，动能场形态呈蝶形，但与图 4-26（$k_1 = 1$ Pa、$k_2 = 0.8$ Pa）相比，动能场峰值变大，近场动能传播路径发生变化。

（5）$k_1 = 0.5$ Pa、$k_2 = 1$ Pa 时，块系岩体动能场如图 4-30 所示。

从图 4-30 可知，动能场演变成由动能峰值点向外沿对角线方向辐射的扇形形态，但与图 4-27（$k_1 = 1$ Pa，$k_2 = 0.5$ Pa）相比，动能峰值变大。

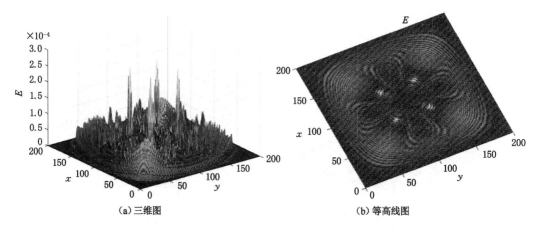

（a）三维图 （b）等高线图

图 4-29 $k_1=0.8$ Pa、$k_2=1$ Pa 时块系岩体的动能场

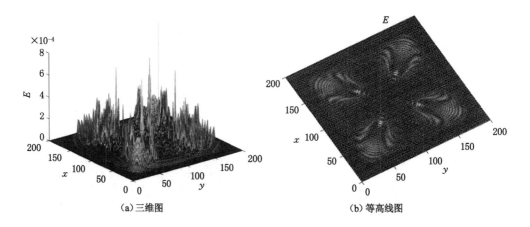

（a）三维图 （b）等高线图

图 4-30 $k_1=0.5$ Pa、$k_2=1$ Pa 时块系岩体的动能场

（6）$k_1=0.2$ Pa、$k_2=1$ Pa 时，块系岩体动能场如图 4-31 所示。

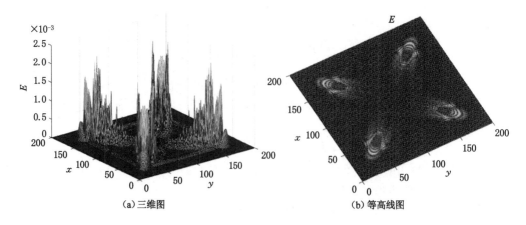

（a）三维图 （b）等高线图

图 4-31 $k_1=0.2$ Pa、$k_2=1$ Pa 时块系岩体的动能场

从图 4-31 可知,动能主要表现在远场上沿对角线方向对称的 4 个位置,但与图 4-28($k_1 =$ 1 Pa,$k_2 = 0.2$ Pa)相比,动能场中的能量更加集中。

通过对块系岩体的位移场、速度场、动能场分析,可得出下述结论:

(1)块系岩体动力传播的位移场特征:① 块系岩体位移场在扰动源处的位移最大,传播过程位移先骤降再逐渐保持平稳传播。② 块体间弱介质弹性系数各向同性时,随着弹性系数的减小,扰动源处的位移峰值变大,位移场传播形态近似为圆形,但波动影响范围变小。③ 块体间弱介质弹性系数各向异性时:a. 当对角线方向弹性系数降为轴线方向弹性系数的 80%、50%、20% 时,位移场峰值逐渐变大,传播距离变小,位移场形态先后出现近似圆形、圆形以及蝶形的分布形态;b. 当轴线方向弹性系数降为对角线方向弹性系数的 80%、50%、20% 时,位移场峰值逐渐变大,传播距离变小,位移场形态由近似圆形过渡到蝶形且蝶形趋势更加明显,蝶形方向较 a 中的方向旋转 90°。

(2)块系岩体动力传播的速度场特征:① 块系岩体在扰动源处的速度并非最大值,速度最大值出现在离扰动源一定距离的 4 个中心对称位置上。② 块体间弱介质弹性系数各向同性时,速度场近似为圆形,随着弹性系数的减小,速度场峰值增大,传播距离变小。③ 弱介质弹性系数不相同时:a. 当对角线方向弹性系数降为轴线方向弹性系数的 80%、50%、20% 时,速度场峰值逐渐变大,传播距离变小,形态先后出现近似圆形、圆形以及蝶形的传播形状;b. 当轴线方向弹性系数降为对角线方向弹性系数的 80%、50%、20% 时,速度场峰值变大,传播距离变小且速度场沿对角线方向逐渐出现明显的蝶形。

(3)块系岩体动力传播的动能场特征:① 块系岩体动能场最大值出现在距离扰动源一定距离的 4 个中心对称位置上,且在远场处的动能值要大于近场处的幅值。② 块体间弱介质弹性系数各向同性时,动能场近似圆形,弹性系数减小,动能场的传播距离变小。③ 弱介质弹性系数不相同时:a. 当对角线方向弹性系数降为轴线方向弹性系数的 80%、50%、20% 时,动能场的传播距离变小且先后出现近似为圆形,圆形以及蝶形的传播形状;b. 当轴线方向弹性系数降为对角线方向弹性系数的 80%、50%、20% 时,动能场的传播距离变小,动能传播路径发生变化,动能场中的能量更加表现集中在远场。

5 摆型波传播过程中块系岩体动力响应试验分析

5.1 摆型波与纵波传播特征对比分析

块系岩体中的摆型波传播存在块体和块体间软弱介质的非协调变形现象,摆型波在块系岩体中具有低频低速和大摆幅的传播特征,对岩体结构稳定有重要影响。目前,块系岩体的摆型波与纵波传播特征对比研究尚不充分,通过试验分别从传播速度、岩块加速度振幅衰减、岩块振动位移响应、岩块振动持续时间、块体动能显现、块体振动频域响应特性等方面对块系岩体摆型波传播与纵波传播过程中岩块的动力响应特征进行对比研究[81],为识别岩块摆型波动力传播提供参考。

5.1.1 块系岩体摆型波传播试验

块系岩体摆型波动力传播试验主要由试验模型(见图5-1)、冲击装置和测量装置三部分组成。考虑波动传播和模型的稳定性,试验模型由12个花岗岩立方块及块体间的软弱夹层介质组成,花岗岩块体尺寸为100 mm×100 mm×100 mm,块体间软弱夹层介质为1 mm厚的泡沫材料,其弹性模量为0.37 MPa。冲击装置由做自由落体运动的钢球及固定三脚架组成,钢球质量为0.3 kg,冲击高度可调,本试验选择落球冲击高度为200 mm。测量装置采用TST-5915数据采集仪(最高采样频率为100 kHz)以及灵敏度为1 mV/g的三向加速度传感器,传感器的z方向与冲击方向平行,测量范围为±5 000 g,频响为5 kHz,加速度传感器分别粘贴在第3块(测点1)和第9块(测点2)岩块侧面的中心位置。

(a) 试验模型   (b) 块体间软弱夹层介质

图5-1 块系岩体摆型波动力传播试验模型

Kurlenya[35]给出了块系岩体中摆型波动力传播的外界扰动能量条件判据 k,见式(5-1)。

$$k = \frac{W}{M v_{\mathrm{p}}^2} = \theta \times 10^{-\beta} \tag{5-1}$$

其中,参数 θ 和 β 满足条件 $1 < \theta < 4, 9 < \beta < 11$;$W$ 为冲击能量;M 为地质块体质量;v_{p} 为地质块体中的纵波速度。取纵波在花岗岩中的传播速度 $v_{\mathrm{p}} = 5\ 400\ \mathrm{m/s}$[95],根据钢球自由落体运动和外界扰动能量条件判据 k,可得在 200 mm 冲击高度下 $k = 1.84 \times 10^{-9}$,满足块系岩体摆型波动力传播的外在扰动能量条件。此时测点 1 和测点 2 的加速度 a_{u} 分别如图 5-2 所示。

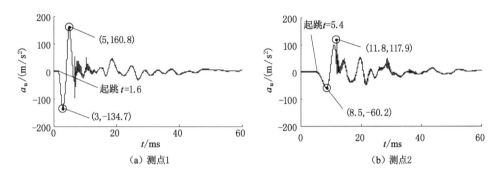

图 5-2　摆型波传播时测点块体加速度响应

图 5-2 中的起跳时间为测点接收到摆型波传播信号的初始时刻。由加速度曲线的样条插值函数数值积分,可得测点 1 和测点 2 块体的速度 v_{u},如图 5-3 所示。

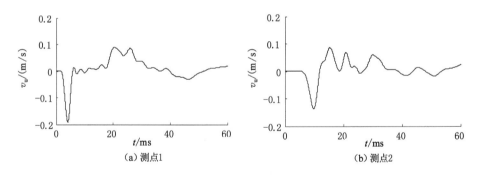

图 5-3　摆型波传播时测点块体速度响应

由图 5-3 的块体速度响应可知,在摆型波传播过程中,岩块在冲击方向上产生显著的振动速度,之后振动速度呈波动形式衰减。通过对速度曲线的数值积分,分析岩块在冲击方向上产生的位移 x_{u} 及回跳到平衡位置的变化特征,如图 5-4 所示。

从图 5-4 可知,摆型波传播过程中,在冲击方向上岩块位移明显增大,且逐渐恢复到平衡位置,表现为块体间软弱介质的压缩和恢复过程,这是块系岩体摆型波传播的一个重要特征。同时,块体的动能可表示为 $E_{\mathrm{u}} = \frac{1}{2} m v_{\mathrm{u}}^2(t)$,其中 m 为块体质量,测点块体的动能 E_{u} 响应如图 5-5 所示。

从图 5-5 可知,块体的动能出现明显的峰值。表 5-1 为块系岩体摆型波传播时测点块

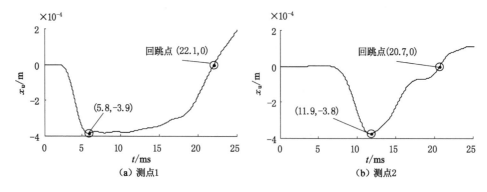

图 5-4　摆型波传播时测点块体位移响应

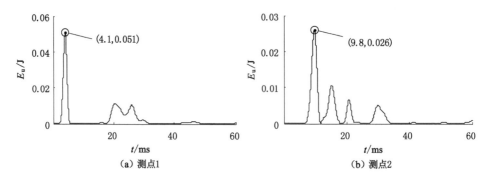

图 5-5　摆型波传播时测点块体动能响应

体的加速度、位移和动能响应,其中加速度的最大值和最小值分别表示为 a_{umax} 和 a_{umin},同时,加速度信号时宽 σ_{ut} 反映了岩块振动持续时间特征,可表示为式(5-2)。

$$\sigma_{\text{ut}} = \left[\int (t - <t>)^2 \left| a_{\text{u}}(t) \right|^2 dt \right]^{1/2} \tag{5-2}$$

其中, $<t> = \int t \left| a_{\text{u}}(t) \right|^2 dt$。用 E_{umax} 表示测点块体的动能最大值, S_{umax} 表示块体沿冲击方向的位移最大值。

表 5-1　块系岩体摆型波传播时测点动力响应特征值

测点	$a_{\text{umax}}/(\text{m/s}^2)$	$a_{\text{umin}}/(\text{m/s}^2)$	$\sigma_{\text{ut}}/\text{ms}$	E_{umax}/J	$S_{\text{umax}}/\text{mm}$
测点 1	160.8	−134.7	4.7	0.051	−0.39
测点 2	117.9	−60.2	4.5	0.026	−0.38

通过对测点块体加速度响应的 Fourier 变换, $F_{\text{u}}(\omega) = \int_{-\infty}^{\infty} a_{\text{u}}(t) e^{-j\omega t} dt$,分析测点块体加速度的频域响应特征。由测点 1 和测点 2 的块体加速度,可得块体频域响应 $F_{\text{u}}(\omega)$,如图 5-6 所示。

对图 5-6 的块体加速度频域响应进行分析,其频域响应的中心频率可表示为 $<\omega> = \dfrac{1}{A} \int \omega \left| F_{\text{u}}(\omega) \right|^2 d\omega$, 其中, $A = \int \left| F_{\text{u}}(\omega) \right|^2 d\omega$。频域响应带宽可表示为 $\sigma_{\omega} =$

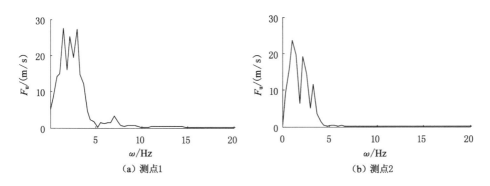

图 5-6 摆型波传播时块体加速度频域响应

$$\left[\int(\omega-<\omega>)^{2}\left|F_{u}(\omega)\right|^{2}d\omega\right]^{1/2}$$，加速度信号主要持续在 $2\sigma_{\omega}$ 的频带内。$F_{u}(\omega)$ 达到最大值时的主频响应用 ω_{max} 表示，则测点 1 和测点 2 的加速度频域响应特征值如表 5-2 所示。

表 5-2　摆型波传播时测点加速度频域响应特征值

测点	$<\omega>$/Hz	σ_{ω}/Hz	ω_{max}/Hz
测点 1	2.2	1.0	1.5
测点 2	1.7	0.8	1.1

5.1.2　块系岩体纵波传播试验

在图 5-1 所示的块系岩体试验模型中，块体间的软弱夹层介质变形是产生摆型波传播的内因。现对比分析块体间无软弱夹层介质作用时，在图 5-1 试验模型和试验条件下产生纵波传播时的块体响应特征，此时测点 1 和测点 2 的加速度 a_p 如图 5-7 所示。

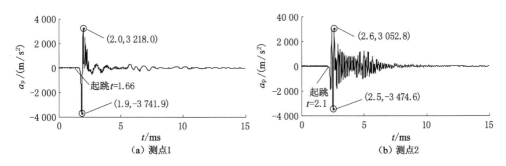

图 5-7　纵波传播时测点块体加速度响应

图 5-7 中的起跳时间为测点接收到纵波传播信号的起始时刻。同样，对测点加速度响应进行积分，得到测点块体的速度 v_p，如图 5-8 所示。

从图 5-8 可知，纵波传播时沿冲击方向产生瞬间冲击速度，之后速度衰减较快。分析纵波传播时块体位移 x_p 由偏离平衡位置到恢复至平衡位置的变化特征，如图 5-9 所示。

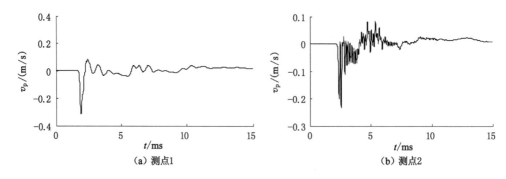

图 5-8　纵波传播时测点块体速度响应

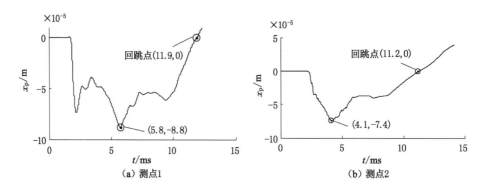

图 5-9　纵波传播时测点块体位移响应

通过测点的速度曲线和块体质量，可得纵波传播时测点块体的动能响应 E_p，如图 5-10 所示。

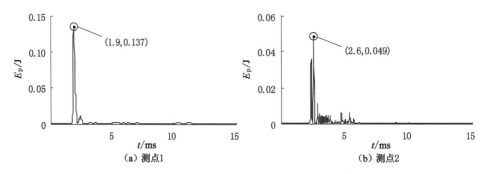

图 5-10　纵波传播时测点块体动能响应

因此，可对纵波传播过程中测点块体的加速度、位移和动能响应特征值进行分析，如表 5-3 所示。a_{pmax} 和 a_{pmin} 分别表示纵波传播时测点加速度响应的最大值和最小值，在式（5-2）中，令 $a_u(t)=a_p(t)$ 可得纵波传播时测点的加速度信号时宽 σ_{pt}。测点块体动能最大值用 E_{pmax} 表示，位移最大值用 S_{pmax} 表示。

表 5-3　纵波传播时测点动力响应特征值

测点	$a_{pmax}/(m/s^2)$	$a_{pmin}/(m/s^2)$	σ_{pt}/ms	E_{pmax}/J	S_{pmax}/mm
测点 1	3 218.0	−3 741.9	0.7	0.137	−0.088
测点 2	3 052.8	−3 474.6	1.0	0.049	−0.074

在纵波传播过程中,测点 1 和测点 2 块体的加速度频域响应 $F_p(\omega)\big[F_p(\omega) = \int a_p(t)e^{-j\omega t}dt\big]$,如图 5-11 所示。

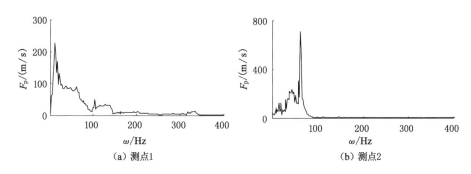

（a）测点1　　　　　　　（b）测点2

图 5-11　纵波传播时测点块体加速度频域响应

当纵波传播时,测点 1 和测点 2 加速度频域响应的中心频率、频带宽度及主频响应特征值如表 5-4 所示。

表 5-4　纵波传播时测点加速度频域响应特征值

测点	$<\omega>/Hz$	σ_{ω}/Hz	ω_{max}/Hz
测点 1	35.3	35.7	11.6
测点 2	54.3	13.2	61.6

5.1.3　块系岩体摆型波和纵波传播特征对比分析

下面从传播速度、振幅衰减、测点振动持续时间、块体动能响应、块体位移响应和振动频域响应等方面对比分析块系岩体的摆型波与纵波传播特征。

（1）传播速度特征

表 5-5 给出了块系岩体摆型波和纵波传播的速度特征,其中时差为两测点的起跳时间差,距离为两测点间的距离。

表 5-5　传播速度对比分析

波动传播	时差/ms	距离/mm	传播速度/(m/s)
摆型波传播	3.80	600	158
纵波传播	0.44	600	1 364

由表 5-5 可知,摆型波传播速度较纵波传播速度下降一个量级,这与文献[30]中描述的

块系岩体非线性摆型波波动传播速度接近声速的结论一致。

（2）振幅衰减特征

由表 5-1 和表 5-3 中的试验数据，对比分析两种波动传播过程，由测点 1 到测点 2 块体加速度响应最大值和最小值的衰减率，分别用 η_{amax} 和 η_{amin} 表示，如表 5-6 所示。

表 5-6　块体加速度最大值和最小值的衰减率

波动传播	$\eta_{amax}/\%$	$\eta_{amin}/\%$
摆型波传播	26.7	55.3
纵波传播	5.1	7.1

由表 5-6 可知，摆型波传播过程中块体加速度响应最大值和最小值相比于纵波传播时出现显著衰减。同时，由图 5-2 和图 5-7 可知，摆型波传播过程中测点块体的加速度幅值相比纵波传播时的幅值低一个量级。

（3）测点振动持续时间特征

通过表 5-1 和表 5-3 中的数据可对比分析两种波动传播过程中测点块体加速度的响应时宽，如表 5-7 所示。

表 5-7　测点加速度时宽

波动传播	测点 1 时宽/ms	测点 2 时宽/ms
摆型波传播	4.7	4.5
纵波传播	0.7	1.0

由表 5-7 可知，摆型波传播过程中测点振动持续时间明显增加，其中测点 1 的时宽接近纵波传播时的 7 倍，测点 2 的时宽接近纵波传播时的 5 倍。这意味着块系岩体摆型波传播时测点将出现较长时间的持续振动，其中软弱夹层介质的变形起到关键作用。

（4）块体动能响应特征

由图 5-5 和图 5-10 的动能响应，对比分析两种波动传播过程中，由测点 1 到测点 2 块体动能最大值的衰减率 η_{Emax} 及两测点动能最大值出现的时差 Δt_1，如表 5-8 所示。

表 5-8　块体动能最大值衰减率及时差

波动传播	$\eta_{Emax}/\%$	$\Delta t_1/ms$
摆型波传播	49.0	5.7
纵波传播	64.2	0.7

由表 5-8 可知，摆型波传播过程中块体的动能最大值较纵波传播时的动能最大值衰减缓慢，且两测点动能最大值出现的时差明显增大。同时，通过图 5-5 和图 5-10 可知，摆型波传播时块体动能最大值要低于纵波传播时的块体动能最大值。这些现象都说明了摆型波传播伴随着块系岩体中块体动能和块体间软弱介质势能的转化过程。

（5）块体位移响应特征

通过表 5-1 和表 5-3 中的试验数据可分析两种波动传播过程,从测点 1 到测点 2 块体位移最大值的衰减率 η_{Smax} 及两测点位移回跳到平衡位置的时差 Δt_2,如表 5-9 所示。

表 5-9 块体位移最大值衰减率和回跳时差

波动传播	η_{Smax} / %	Δt_2 / ms
摆型波传播	2.5	−1.4
纵波传播	15.9	−0.7

由表 5-9 可知,摆型波传播过程中块体位移最大值衰减幅度明显小于纵波传播时的衰减幅度,同时位移恢复到平衡位置相对缓慢。同时,由图 5-4 和图 5-9 中块体最大位移坐标可知,摆型波传播时块体位移最大值接近纵波传播时的 5 倍。这些都体现了摆型波传播的岩体大摆幅运动现象。

(6)振动频域响应特征

通过表 5-2 和表 5-4 可分析摆型波传播相对于纵波传播时块体加速度的中心频率、频带宽度及主频响应的下降率,分别用 $\eta_{<\omega>}$、η_{ω} 和 $\eta_{\omega max}$ 表示,如表 5-10 所示。

表 5-10 摆型波传播相对于纵波传播测点频域特征值下降率

测点	$\eta_{<\omega>}$ / %	η_{ω} / %	$\eta_{\omega max}$ / %
测点 1	93.8	97.2	87.1
测点 2	96.9	93.9	98.2

由表 5-10 可知,摆型波传播时块体加速度响应的中心频率、带宽及主频均出现明显下降,这集中反映了摆型波传播过程块系岩体的低频响应特征。

因此,块系岩体的摆型波传播现象是块体间软弱夹层介质的非协调运动所导致的,相比于纵波其动力传播过程可诱发岩块的大幅摆动,对岩体动力稳定性影响更大。块系岩体的摆型波传播呈现低频低速大摆幅运动特征,岩块加速度响应幅值较小,但块体振动持续时间明显延长,同时,伴随着块体动能和块体间软弱介质势能的转化过程。这些特征是有效识别块系岩体摆型波与纵波传播的依据。

5.2 局部岩块断裂对摆型波传播的影响分析

摆型波是块系岩体中的一种非线性动力传播现象,但块系岩体中的局部岩块断裂对摆型波传播的影响规律还有待进一步研究。为研究块系岩体中局部岩块断裂时的摆型波传播规律,采用试验方法分析岩块的断裂方向和断裂位置对摆型波传播的影响,分别从摆型波的传播速度、岩块加速度、动能、位移响应及加速度频域响应特性等方面进行分析,为研究块系岩体存在局部岩块断裂时摆型波传播特征识别及预警提供参考。

5.2.1 局部岩块断裂时块系岩体摆型波传播试验

基于图 5-1 的块系岩体摆型波传播试验模型,改变块体间的软弱夹层介质为厚度 1 mm

的橡胶材料,其弹性模量为 2.2 MPa。分析临近测点 1(第 2 块)发生块体断裂和临近测点 2(第 8 块)发生块体断裂时的摆型波传播规律。块体断裂为沿其中线断成 2 个均匀的子块,断裂形式分为横向断裂和纵向断裂,如图 5-12 所示。

（a）块体断裂　　　　　　　　　　　　　（b）块体间软弱夹层介质

图 5-12　含断裂块体的块系岩体摆型波传播试验

基于图 5-1 的摆型波传播试验模型,当块系岩体中无断裂岩块时测点在扰动方向上的加速度 a_u 如图 5-13(a)所示。当局部岩块分别在临近测点 1(第 2 块)和临近测点 2(第 8 块)发生横向断裂时,测点的加速度响应如图 5-13(b)所示。在临近测点 1 和临近测点 2 发生岩块纵向断裂时,测点的加速度响应如图 5-13(c)所示。

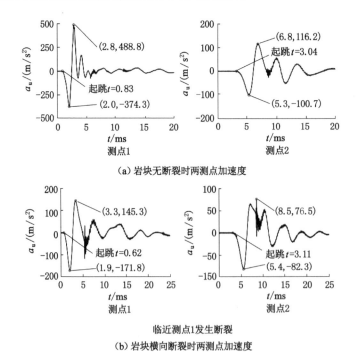

图 5-13　块系岩体中摆型波传播过程测点加速度响应

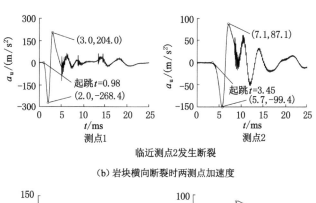

（b）岩块横向断裂时两测点加速度

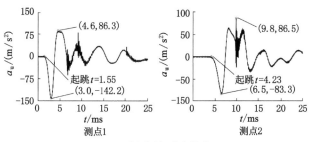

（c）岩块纵向断裂时两测点加速度

图 5-13（续）

图 5-13 中的起跳时间为摆型波传播过程中测点接收到波动传播信号的初始时刻,岩块断裂时测点加速度的响应特征值如表 5-11 所示。其中,测点加速度信号时宽可用 σ_{ut} 表示,a_{umax} 和 a_{umin} 分别表示加速度的最大值和最小值。

表 5-11　岩块断裂时测点加速度响应特征值

断裂方向	断裂位置	测点 1			测点 2		
		σ_{ut}/ms	$a_{umax}/(\text{m/s}^2)$	$a_{umin}/(\text{m/s}^2)$	σ_{ut}/ms	$a_{umax}/(\text{m/s}^2)$	$a_{umin}/(\text{m/s}^2)$
无断裂		1.7	488.8	−374.3	2.6	116.2	−100.7
横向断裂	临近测点 1	3.8	145.3	−171.8	3.1	76.5	−82.3
	临近测点 2	3.2	204.0	−268.4	3.7	87.1	−99.4
纵向断裂	临近测点 1	4.6	86.3	−142.2	3.6	86.5	−83.3
	临近测点 2	3.0	188.9	−260.7	3.4	81.5	−84.1

由测点加速度的数值积分可得速度响应 v_u，再由 $E_u = \dfrac{1}{2}mv_u^2(t)$（其中 m 是块体质量）得测点岩块的动能，如图 5-14 所示。

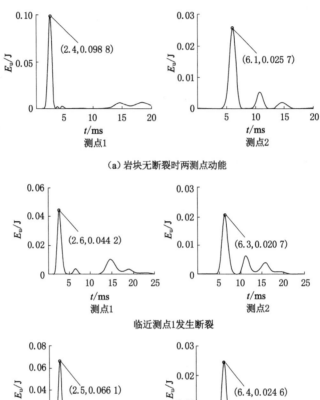

（a）岩块无断裂时两测点动能

临近测点1发生断裂

临近测点2发生断裂

（b）岩块横向断裂时两测点动能

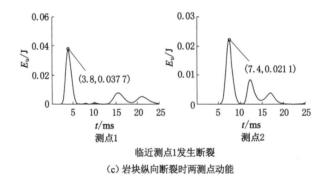

临近测点1发生断裂

（c）岩块纵向断裂时两测点动能

图 5-14　岩块断裂时摆型波传播过程测点动能响应

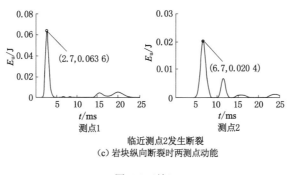

（c）岩块纵向断裂时两测点动能

图 5-14（续）

　　局部岩块发生断裂时摆型波传播过程中测点动能变化特征值如表 5-12 所示。其中，E_{umax} 表示测点岩块动能的最大值，Δt_1 表示两测点动能最大值出现的时间差。

表 5-12　岩块断裂时测点动能响应特征值

断裂方向	断裂位置	E_{umax}/J		Δt_1/ms
		测点 1	测点 2	
无断裂		0.098 8	0.025 7	3.7
横向断裂	临近测点 1	0.044 2	0.020 7	3.7
	临近测点 2	0.066 1	0.024 6	3.9
纵向断裂	临近测点 1	0.037 7	0.021 1	3.6
	临近测点 2	0.063 6	0.020 4	4.0

　　对测点加速度响应进行二次数值积分，得到岩块在扰动方向上的冲击位移响应，如图 5-15 所示。

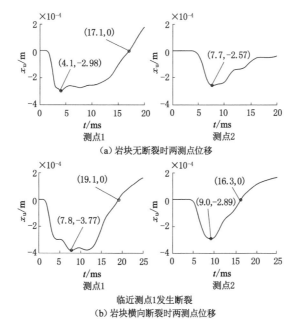

（a）岩块无断裂时两测点位移

临近测点1发生断裂

（b）岩块横向断裂时两测点位移

图 5-15　岩块断裂时摆型波传播过程中测点位移响应

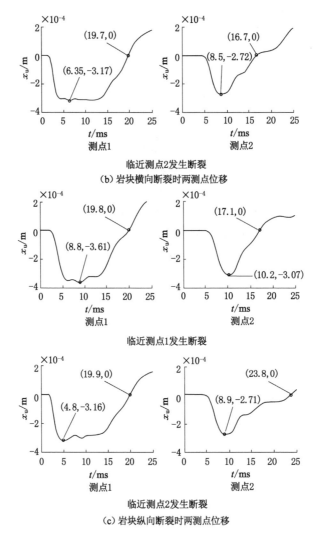

临近测点2发生断裂

（b）岩块横向断裂时两测点位移

临近测点1发生断裂

临近测点2发生断裂

（c）岩块纵向断裂时两测点位移

图 5-15（续）

测点位移响应特征值如表 5-13 所示。其中，S_{umax} 表示岩块沿冲击方向上位移的最大值。

表 5-13　岩块断裂时测点位移响应特征值

断裂方向	断裂位置	S_{umax}/mm	
		测点 1	测点 2
无断裂		0.298	0.257
横向断裂	临近测点 1	0.377	0.289
	临近测点 2	0.317	0.272
纵向断裂	临近测点 1	0.361	0.307
	临近测点 2	0.316	0.271

对图 5-13 中的测点加速度 a_u 进行 Fourier 变换，得到频域 ω 上的响应幅值 $F_u(\omega)$，如图 5-16 所示。

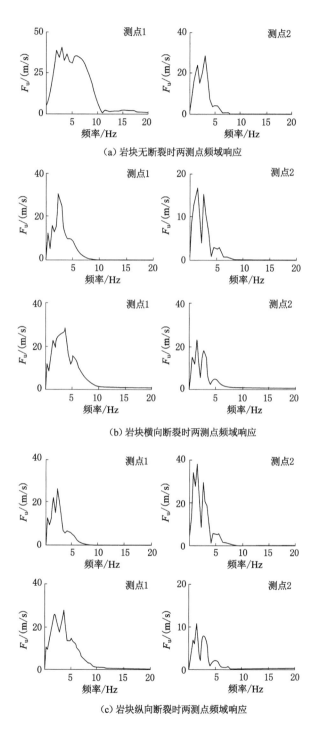

(a) 岩块无断裂时两测点频域响应

(b) 岩块横向断裂时两测点频域响应

(c) 岩块纵向断裂时两测点频域响应

图 5-16　岩块断裂时摆型波传播过程中测点加速度频域响应

表 5-14 给出了两测点加速度频域响应的中心频率 $<\omega>$、频带宽度 σ_ω 及最值频率 ω_{max} 响应特征值。

表 5-14　岩块断裂时测点加速度频域响应特征值

断裂方向	断裂位置	测点 1			测点 2		
		$<\omega>$/Hz	σ_ω/Hz	ω_{max}/Hz	$<\omega>$/Hz	σ_ω/Hz	ω_{max}/Hz
无断裂		4.8	2.3	3.0	2.4	1.0	3.0
横向断裂	临近测点 1	2.6	1.1	2.2	1.9	1.0	1.5
	临近测点 2	3.3	1.5	3.7	2.2	1.1	1.5
纵向断裂	临近测点 1	2.1	1.0	2.2	1.8	1.0	1.5
	临近测点 2	3.2	1.6	3.7	2.1	1.1	1.5

5.2.2　局部岩块断裂时摆型波传播特征

下面从传播速度、岩块加速度响应、岩块动能响应、岩块位移响应、岩块加速度频域响应等方面对比分析块系岩体中局部岩块断裂时的摆型波传播特征。

（1）传播速度特征

表 5-15 给出了岩块无断裂与局部岩块断裂时摆型波的传播速度，其中时差为图 5-13 中测点 1 与测点 2 的初始起跳时间差。

表 5-15　块系岩体摆型波传播速度

断裂方向	断裂位置	时差/ms	两测点距离/mm	传播速度/(m/s)
岩块无断裂		2.21	600	271.5
横向断裂	临近测点 1	2.49	600	241.0
	临近测点 2	2.47	600	242.9
纵向断裂	临近测点 1	2.68	600	223.9
	临近测点 2	2.48	600	241.9

由表 5-15 可知，相比于岩块无断裂，当局部岩块发生断裂时摆型波传播速度出现下降，且临近测点 1 的岩块发生纵向断裂时摆型波传播速度下降相对更明显。

（2）岩块加速度响应特征

由表 5-11 可知，块系岩体中局部岩块发生断裂相比于岩块无断裂时岩块加速度幅值变化率如表 5-16 所示。其中，η_{amax} 和 η_{amin} 分别表示岩块断裂时相比于无断裂时测点加速度最大值和最小值的变化率。

表5-16 岩块断裂时摆型波传播测点加速度幅值变化率

断裂方向	断裂位置	测点1		测点2	
		η_{amax} / %	η_{amin} / %	η_{amax} / %	η_{amin} / %
横向断裂	临近测点1	70.3	54.1	34.2	18.3
	临近测点2	58.3	28.3	25.0	1.3
纵向断裂	临近测点1	82.3	62.0	25.6	17.3
	临近测点2	61.4	30.3	29.9	16.5

由表5-16可知,当岩块发生断裂时,摆型波传播过程中岩块加速度响应最大值和最小值均出现下降,且临近测点1发生岩块纵向断裂时加速度最值下降相对更明显。同时,由表5-11和图5-13可知,岩块发生断裂时相比于无断裂,测点加速度响应时宽增大,振动持续时间明显延长。

（3）岩块动能响应特征

由表5-12可知,局部岩块发生断裂相比于无断裂时摆型波传播过程中测点动能的最大值变化率如表5-17所示。η_{Emax}表示岩块发生断裂时相比于无断裂动能最大值的变化率。

表5-17 岩块断裂时摆型波传播测点动能最大值变化率

断裂方向	断裂位置	η_{Emax} / %	
		测点1	测点2
横向断裂	临近测点1	55.3	19.5
	临近测点2	33.1	4.3
纵向断裂	临近测点1	61.8	17.9
	临近测点2	35.6	20.6

由表5-17可知,相比于岩块无断裂,当岩块发生断裂时块系岩体摆型波传播过程中测点岩块的动能最大值均下降,且临近测点1的岩块发生纵向断裂时动能下降相对更明显。

（4）岩块位移响应特征

由表5-13的试验数据可知,局部岩块发生断裂相比于无断裂时摆型波传播过程中测点位移的最大值变化率如表5-18所示。η_{Smax}表示岩块断裂时相比于无断裂测点岩块位移最大值的变化率。

表5-18 岩块断裂时摆型波传播测点位移最大值变化率

断裂方向	断裂位置	η_{Smax} / %	
		测点1	测点2
横向断裂	临近测点1	−26.5	−12.5
	临近测点2	−6.4	−5.8
纵向断裂	临近测点1	−21.1	−19.5
	临近测点2	−6.0	−5.4

由表 5-18 可知,发生岩块断裂时相比于无断裂,测点位移的最大值均增大,在摆型波传播过程中岩块的大摆幅运动现象更加显著,且在临近测点 1 发生岩块断裂时位移增大得更明显。

（5）岩块加速度频域响应特征

通过表 5-14 可知,局部岩块发生断裂时摆型波传播过程中测点岩块加速度频域响应的中心频率、频带宽度及最值频率相对于岩块无断裂时的变化率分别用 $\eta_{<\omega>}$、$\eta_{\sigma\omega}$ 和 $\eta_{\omega\max}$ 表示,如表 5-19 所示。

表 5-19　岩块断裂时测点频域特征值变化率

断裂方向	断裂位置	测点 1			测点 2		
		$\eta_{<\omega>}$ /%	$\eta_{\sigma\omega}$ /%	$\eta_{\omega\max}$ /%	$\eta_{<\omega>}$ /%	$\eta_{\sigma\omega}$ /%	$\eta_{\omega\max}$ /%
横向断裂	临近测点 1	45.8	52.2	26.7	20.8	0	50.0
	临近测点 2	31.3	34.8	−23.3	8.3	−10.0	50.0
纵向断裂	临近测点 1	56.3	56.5	26.7	25.0	0	50.0
	临近测点 2	33.3	30.4	−23.3	12.5	−10.0	50.0

由表 5-19 可知,岩块断裂时相比于无断裂,块系岩体摆型波传播过程中测点加速度响应的中心频率均出现下降,且在临近测点 1 发生纵向断裂时中心频率下降更明显,摆型波传播的低频响应特征更突出。带宽和最值频率变化较为复杂,取决于断裂方向和断裂位置的组合。

5.2.3　局部岩块断裂对摆型波传播的影响规律

（1）块系岩体中局部岩块断裂相比于无断裂时,摆型波传播表现出以下共性特征:① 传播速度、岩块加速度最大值、岩块动能最大值、加速度信号的频域响应中心频率均出现下降;② 岩块位移最大值、岩块振动持续时间均出现增长;③ 块系岩体的低频低速大位移摆动响应现象更加明显。

（2）岩块断裂时摆型波传播的岩体响应特征量变化受断裂位置和断裂方向的影响,表现如下特征:在接近冲击源位置块体纵向断裂时,对摆型波传播速度、测点加速度响应时宽、加速度幅值、块体动能幅值、块体加速度响应的中心频率影响更大,位移变化对块体的断裂位置较为敏感且在接近冲击源的位置发生块体断裂时变化明显。近冲击源位置和岩块纵向断裂这 2 个因素对块体断裂下的摆型波传播岩体动力响应特征影响更大。

5.3　块体间弱介质对摆型波传播影响分析

摆型波在块系岩体中低频低速大摆幅传播,其中块体间软弱介质是影响摆型波动力传播特性的重要因素。在块系岩体中,块体间弱介质最主要的特征就是岩体软弱夹层的弹模和厚度变化,基于图 5-1 所示的块系岩体摆型波动力传播试验模型,分析块体间软弱介质弹模及厚度对块系岩体摆型波动力传播的影响[82]。下面从波动传播速度、块体加速度、动能、位移以及频域响应等方面进行分析。

5.3.1 块体间软弱介质弹模对摆型波传播影响试验

夹层介质采用两种材料,其中夹层Ⅰ是弹模为 2.2 MPa 的橡胶材料,夹层Ⅱ是弹模为 0.37 MPa 的泡沫材料。当块体间含软弱夹层介质Ⅰ时,测点加速度如图 5-13(a)所示。当块体间含软弱夹层介质Ⅱ时,测点加速度如图 5-2 所示。块系岩体在不同弹模软弱夹层介质作用下块体加速度响应及摆型波传播特征值见表 5-20。表中 a_{max} 为测点加速度最大值,η_{amax} 为由测点 1 到测点 2 加速度最大值的衰减率。

表 5-20 不同弹模夹层下块系岩体摆型波传播特征值

软弱夹层介质		时宽 σ_t/ms	加速度响应		摆型波传播速度	
			a_{max}/(m/s^2)	η_{amax}/%	时差/ms	波速/(m/s)
夹层Ⅰ	测点 1	1.7	488.8	76.2	2.21	271.5
	测点 2	2.6	116.2			
夹层Ⅱ	测点 1	4.7	160.8	26.7	3.80	157.9
	测点 2	4.5	117.9			

由表 5-20 可知,当块体间软弱夹层介质弹模增大时,块体加速度响应时宽明显缩小,加速度响应幅值出现增大且传播过程中加速度幅值衰减明显,摆型波的传播速度明显加快。

当块体间含软弱夹层介质Ⅰ时,测点动能如图 5-14(a)所示。当块体间含软弱夹层介质Ⅱ时,测点动能如图 5-5 所示。块体动能响应特征值见表 5-21,表中 E_{max} 为测点动能最大值,η_{Emax} 为从测点 1 到测点 2 动能最大值的衰减率,Δt_1 为两测点动能最大值的出现时差。

表 5-21 块系岩体摆型波传播动能特征值

软弱夹层介质		E_{max}/J	η_{Emax}/%	Δt_1/ms
夹层Ⅰ	测点 1	0.099	73.7	3.7
	测点 2	0.026		
夹层Ⅱ	测点 1	0.051	49.0	5.7
	测点 2	0.026		

由表 5-21 可知,块体间软弱夹层介质弹模增大时块体动能的最大值有所增加,但在传播过程其衰减更加明显。同时,两测点动能最大值出现的时差在缩短。

当块体间含软弱夹层介质Ⅰ时,测点位移如图 5-15(a)所示。当块体间含软弱夹层介质Ⅱ时,测点位移如图 5-4 所示。测点 1 在软弱夹层Ⅰ作用下恢复到平衡位置所需时间更短,而测点 2 在软弱夹层Ⅱ作用下恢复到平衡位置所需时间更短。岩块位移特征值见表 5-22,表中 x_{max} 为位移响应最大值,ηx_{max} 为摆型波传播过程中测点 1 到测点 2 位移最大值的衰减率。

表 5-22 块系岩体摆型波传播位移特征值

软弱夹层介质	x_{max}/mm		$\eta_{xmax}/\%$
	测点 1	测点 2	
夹层 Ⅰ	0.29	0.26	13.3
夹层 Ⅱ	0.39	0.38	2.6

由表 5-22 可知,随着块体间软弱夹层介质弹模的增大,块体位移响应幅值下降,且在传播过程中位移响应幅值衰减明显。可见,在摆型波传播过程中,块体间软弱介质弹模越小,块体的大位移摆动传播特性越明显。

当块体间含软弱夹层介质Ⅰ时,测点加速度频域响应如图 5-16(a)所示。当块体间含软弱夹层介质Ⅱ时,测点加速度频域响应如图 5-6 所示。由测点岩块加速度频域响应,可分析不同夹层弹模作用下测点岩块的中心频率、带宽及最值频率特征,见表 5-23。

表 5-23 摆型波传播过程测点加速度信号频域特征值

软弱夹层介质		中心频率 $<\omega>/Hz$	带宽 σ_ω/Hz	最值频率 ω_{max}/Hz
夹层 Ⅰ	测点 1	4.8	2.3	3.0
	测点 2	2.4	1.0	3.0
夹层 Ⅱ	测点 1	2.2	1.0	1.5
	测点 2	1.7	0.8	1.1

由表 5-23 可知,块体间软弱夹层介质弹模下降时,两测点加速度带宽变窄,中心频率和最值频率也随之降低,表明软弱介质弹模下降后摆型波诱发块系岩体的低频响应愈加明显。

5.3.2 块体间软弱介质厚度对摆型波传播影响试验

下面分析在图 5-1 的摆型波传播试验模型中,改变块体间夹层厚度时摆型波的传播特征。块体间软弱介质采用夹层Ⅱ且夹层厚度分别为原来的 2 倍和 3 倍,则测点 1 和测点 2 的加速度响应如图 5-17 所示。

在不同厚度软弱夹层介质作用下,块系岩体摆型波传播特征值见表 5-24。

表 5-24 不同夹层厚度下块系岩体摆型波传播特征值

软弱夹层介质		时宽 σ_t/ms	加速度响应		软弱夹层介质	
			$a_{max}/(m/s^2)$	$\eta_{amax}/\%$	时差/ms	速度/(m/s)
1 倍夹层厚度	测点 1	4.7	160.84	26.72	3.80	157.89
	测点 2	4.5	117.87			
2 倍夹层厚度	测点 1	8.2	139.34	26.86	4.49	133.63
	测点 2	7.2	101.91			
3 倍夹层厚度	测点 1	7.7	161.41	28.40	5.45	110.09
	测点 2	8.3	115.57			

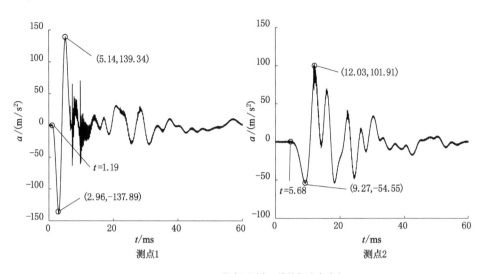

（a）2倍夹层厚度下块体加速度响应

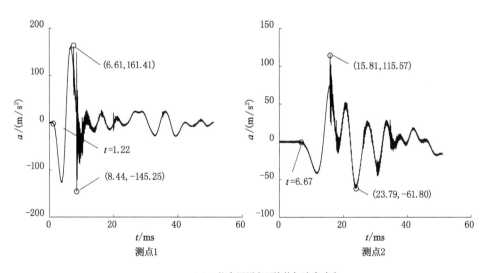

（b）3倍夹层厚度下块体加速度响应

图 5-17　块体间弱介质夹层厚度不同时块体加速度响应

由图 5-17 可知,块体加速度幅值对夹层厚度变化没有明显的影响规律,但其传播过程中加速度最大值的衰减随夹层厚度的增大呈增长趋势。同时,摆型波传播速度随块体间软弱夹层介质的增厚而逐渐下降,块体夹层增厚时加速度响应时宽总体呈现增大趋势。块体动能响应如图 5-18 所示。

由图 5-18 可分析夹层厚度变化时块系岩体摆型波传播的测点动能特征值,如表 5-25 所示,表中 Δt_2 为两测点动能最大值出现的时差。

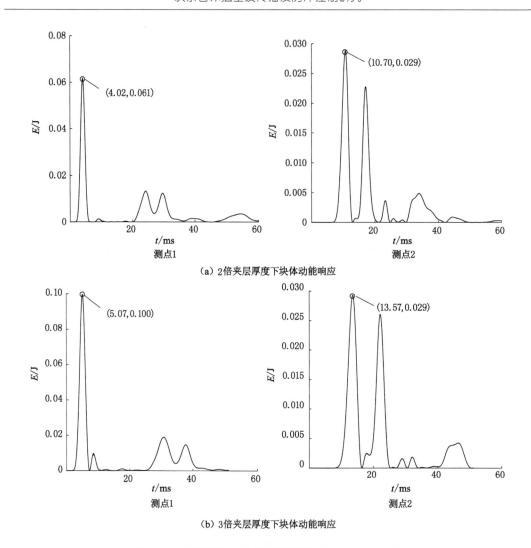

（a）2倍夹层厚度下块体动能响应

（b）3倍夹层厚度下块体动能响应

图 5-18　块体间弱介质夹层厚度不同时块体动能响应

表 5-25　块系岩体摆型波传播动能特征值

软弱夹层介质		E_{max}/J	$\eta_{Emax}/\%$	$\Delta t_2/ms$
1 倍夹层厚度	测点 1	0.051	49.02	5.68
	测点 2	0.026		
2 倍夹层厚度	测点 1	0.061	52.46	6.68
	测点 2	0.029		
3 倍夹层厚度	测点 1	0.100	71.00	8.50
	测点 2	0.029		

　　由表 5-25 可知,随着块体间软弱夹层介质厚度的增加,岩块动能最大值变大,两测点动能最值出现的时差增大,摆型波传播过程中块体动能的衰减率也明显增高。由速度响应积分得到测点块体的位移响应,如图 5-19 所示。

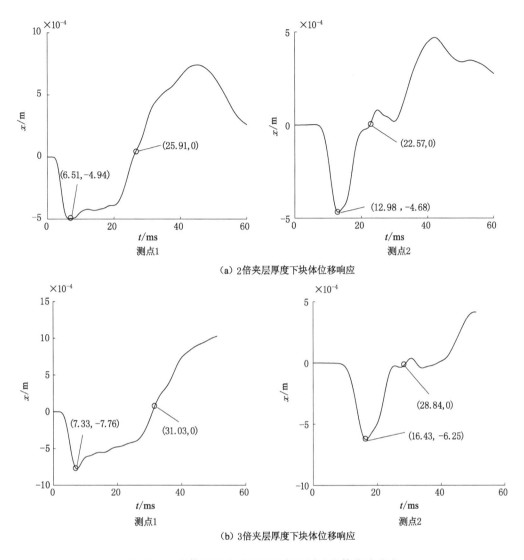

（a）2倍夹层厚度下块体位移响应

（b）3倍夹层厚度下块体位移响应

图 5-19 块体间弱介质夹层厚度不同时块体位移响应

由图 5-19 分析不同夹层厚度下块体位移特征值，见表 5-26，其中回跳时间是指块体位移由最大值恢复到平衡位置这一过程所经历的时间。

表 5-26 块系岩体摆型波传播位移特征值

软弱夹层介质		回跳时间/ms	x_{max}/mm	η_{xmax}/%
1 倍夹层厚度	测点 1	16.26	0.39	2.56
	测点 2	8.77	0.38	
2 倍夹层厚度	测点 1	19.40	0.49	4.08
	测点 2	9.59	0.47	
3 倍夹层厚度	测点 1	23.70	0.78	19.23
	测点 2	12.41	0.63	

由表 5-26 可知,随着块体间夹层厚度的增加块体位移最大幅值显著增大,但其衰减率也明显增大。回跳时间的延长表明软弱夹层介质越厚,岩块位移恢复到平衡位置所需的时间越长。测点块体的加速度频域响应如图 5-20 所示。

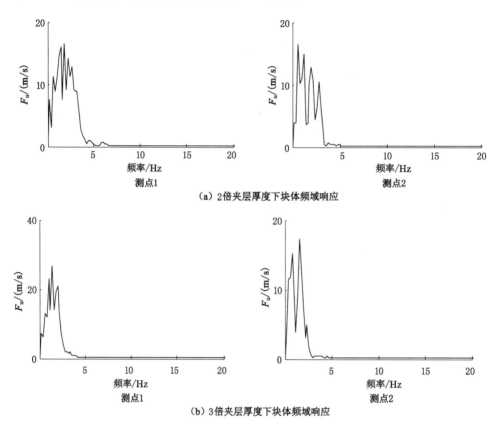

（a）2倍夹层厚度下块体频域响应

（b）3倍夹层厚度下块体频域响应

图 5-20　块体间弱介质夹层厚度不同时块体加速度频域响应

由图 5-20 可分析不同夹层厚度下摆型波传播过程中测点加速度信号频域特征值,如表 5-27 所示。

表 5-27　摆型波传播过程中测点加速度信号频域特征值

软弱夹层介质		中心频率 $<\omega>$/Hz	带宽 σ_ω/Hz	最值频率 ω_{max}/Hz
1倍夹层厚度	测点 1	2.2	1.0	1.5
	测点 2	1.7	0.8	1.1
2倍夹层厚度	测点 1	1.8	0.8	1.8
	测点 2	1.5	0.8	0.6
3倍夹层厚度	测点 1	1.4	0.5	1.4
	测点 2	1.2	0.6	1.6

由表 5-27 可知,块体间夹层厚度增加时,测点的中心频率和带宽逐渐下降,但测点岩块最值频率受厚度的影响规律不明显。

5.3.3 块体间弱介质对摆型波传播的影响规律

（1）在外界冲击作用下，由岩块及块体间软弱夹层介质组成的块系岩体中，摆型波传播时频特征受块体间软弱夹层介质的弹模及厚度影响显著。

（2）软弱夹层介质弹模对摆型波传播影响：随着弱介质弹模的增大，摆型波传播速度变快，岩块加速度和动能幅值变大、位移幅值变小，同时岩块加速度、动能及位移幅值的衰减率变大，加速度频域响应带宽增加、中心频率及最值频率随之增高。

（3）软弱夹层介质厚度对摆型波传播影响：随着弱介质的厚度增加，摆型波传播速度变慢，岩块动能和位移幅值变大，但对加速度幅值影响不明显，同时岩块动能和位移的幅值衰减率变大，加速度幅值衰减率有小幅增加，加速度频域响应的中心频率和带宽总体下降。

（4）由于块体间软弱介质弹模越小、厚度越大时，块系岩体摆型波的低频低速大摆幅运动特征表现得更为突出，因此在对围岩动力灾变控制时可通过固结破碎带增大其刚度或减小破碎带宽度来降低块系岩体摆型波传播带来的岩体低频低速大摆幅动力响应灾害。

6 基于摆型波理论的巷道吸能防冲控制研究

6.1 顶板-支护系统的准共振诱发冲击地压机理研究

6.1.1 顶板-支护系统的动力响应与准共振分析

(1) 顶板-支护系统动力响应模型

巷道开掘后,支护与顶底板组成一个共同的承载力学系统,钱鸣高[96]给出了顶板-支护系统的示意模型,如图 6-1(a)所示。将顶板-支护系统简化为如图 6-1(b)所示的动力学模型,其中支护刚度为 k,支护阻尼系数为 c,顶板质量为 m,顶板受开采扰动等因素诱发的冲击作用 $f(t)$,由于岩体内的动载传播具有一定的扰动幅值和频率,为便于分析令顶板受到的扰动载荷作用为 $f(t)=p\sin(\omega t)$,p 为扰动力幅值,ω 为扰动频率,顶板的位移响应为 x。假设底板固定不动,则顶板在冲击扰动方向上的动力响应方程见式(6-1)。

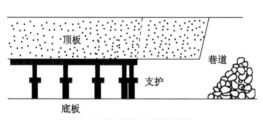
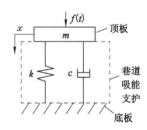

（a）顶板-支护相互作用模型　　　　　（b）顶板-支护系统动力学模型

图 6-1　巷道顶板支护系统

$$m\ddot{x} + c\dot{x} + kx = f(t) \tag{6-1}$$

由式(6-1)可知,顶板的冲击位移响应为:

$$x = x_p\sin(\omega t - \varphi) \tag{6-2}$$

式(6-2)中 x_p 为顶板位移幅值,φ 为振动响应的相位差。

$$x_p = \frac{p}{k}\frac{1}{\sqrt{(1-\lambda^2)^2 + (2\zeta\lambda)^2}} \tag{6-3}$$

$$\varphi = \arctan\frac{2\zeta\lambda}{1-\lambda^2} \tag{6-4}$$

式(6-3)和式(6-4)中,$\lambda = \omega/\omega_n$ 为频率比,$\omega_n = \sqrt{k/m}$ 为系统固有频率,$\zeta = c/(2m\omega_n)$ 为

顶板支护系统的阻尼比。若忽略阻尼(即 $\zeta=0$),则在频率比 $\lambda=1$ 时系统存在严格意义上的共振现象,顶板的冲击位移无穷大。通常情况下系统会存在阻尼且阻尼比满足 $0<\zeta<1$,此时系统在 $\lambda=1$ 时的外界扰动频率作用下顶板冲击位移并不会趋于无穷大而是出现一个突增的位移极值。当外界扰动频率接近系统固有频率(即 λ 接近 1)时,顶板的冲击位移幅值逐渐增大并接近位移极值,出现准共振现象,这种准共振现象将使顶板支护系统发生冲击破坏。

(2) 顶板-支护系统位移准共振

顶板支护系统的准共振现象与冲击地压的发生密切相关。由式(6-3)可知,顶板位移幅值 x_p 取得极值时的频率 ω_1 为:

$$\omega_1 = \omega_n \sqrt{1-2\zeta^2} = \sqrt{\frac{k(1-2\zeta^2)}{m}} \tag{6-5}$$

当外界扰动频率满足式(6-5)时,顶板沿冲击扰动方向上的位移达到最大值;当扰动频率接近 ω_1 时,将出现顶板位移准共振现象。为保证式(6-5)的频率存在,阻尼比需满足 $0<\zeta<1/\sqrt{2}$,此时顶板的位移极值 x_{pmax} 见式(6-6)。

$$x_{pmax} = \frac{2pm}{c\sqrt{4km-c^2}} \tag{6-6}$$

下面分析顶板支护系统参数对 x_{pmax} 的影响。顶板位移极值 x_{pmax} 随外界扰动力幅值 p、顶板质量 m、支护刚度 k 及支护阻尼 c 的变化分别见式(6-7)～式(6-10)。由于 $0<\zeta<1/\sqrt{2}$,且 $\zeta=c/(2m\omega_n)$,可得 $c^2<2km$,则可判别式(6-7)～式(6-10)的正负号。

$$\frac{\partial x_{pmax}}{\partial p} = \frac{2m}{c\sqrt{4km-c^2}} > 0 \tag{6-7}$$

$$\frac{\partial x_{pmax}}{\partial m} = \frac{2p(2km-c^2)}{c\sqrt{(4km-c^2)^3}} > 0 \tag{6-8}$$

$$\frac{\partial x_{pmax}}{\partial k} = \frac{-4pm^2}{c\sqrt{(4km-c^2)^3}} < 0 \tag{6-9}$$

$$\frac{\partial x_{pmax}}{\partial c} = \frac{4pm(c^2-2km)}{c^2\sqrt{(4km-c^2)^3}} < 0 \tag{6-10}$$

由式(6-7)～式(6-10)可知,顶板位移极值 x_{pmax} 与顶板受到的扰动力幅值 p 及顶板质量 m 呈正相关,与支护刚度 k 及支护阻尼 c 呈负相关。比较支护阻尼和刚度的变化率,即

$$\left| \frac{\frac{\partial x_{pmax}}{\partial c}}{\frac{\partial x_{pmax}}{\partial k}} \right| = \frac{2km-c^2}{cm} \tag{6-11}$$

从理论上讲,k 和 c 的增大均对顶板位移极值 x_{pmax} 起到很好的抑制作用,由式(6-11)可知,当 c 取值满足 $0<c<\frac{-m+\sqrt{m^2+8km}}{2}$ 时,$\frac{2km-c^2}{cm}>1$,可知阻尼 c 在此区间取值时阻尼对 x_{pmax} 的下降影响更大。

下面计算分析顶板支护系统参数对 x_{pmax} 的影响,取计算参数:$m=10$ kg,$k=1\times10^5$ kg/s^2,$p=10$ N,$c=1\times10^3$ kg/s,则 p、m、k、c 与 x_{pmax} 之间的关系,如图 6-2 所示。

由图 6-2 可知,通过降低外界扰动力幅值 p 或减少支护直接承载的顶板质量将有利于

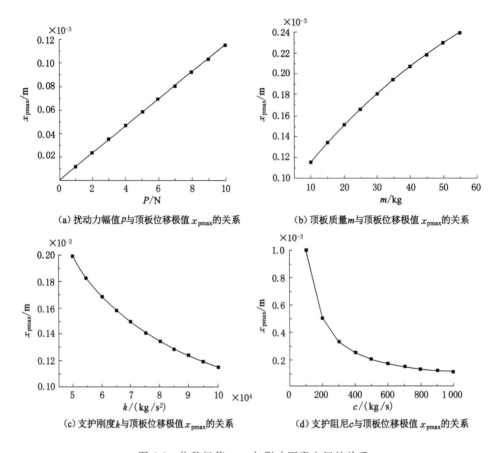

（a）扰动力幅值 p 与顶板位移极值 x_{pmax} 的关系　　（b）顶板质量 m 与顶板位移极值 x_{pmax} 的关系

（c）支护刚度 k 与顶板位移极值 x_{pmax} 的关系　　（d）支护阻尼 c 与顶板位移极值 x_{pmax} 的关系

图 6-2　位移极值 x_{pmax} 与影响因素之间的关系

降低顶板冲击位移极值 x_{pmax}，这里主要讨论支护控制，对顶板的控制策略不作更多的讨论。x_{pmax} 与支护刚度 k 及支护阻尼 c 均呈负相关，则顶板-支护系统中顶板的位移极值 x_{pmax} 可通过提高支护性能（包括刚度和支护阻尼）实现对顶板冲击位移的抑制。

（3）顶板-支护系统速度准共振

由式（6-2）可知，顶板的速度响应为：

$$\dot{x} = v_p \cos(\omega t - \varphi) \tag{6-12}$$

式（6-12）中顶板的速度幅值 v_p 为：

$$v_p = x_p \omega = \frac{p\omega}{k\sqrt{(1-\lambda^2)^2 + (2\zeta\lambda)^2}} \tag{6-13}$$

由式（6-13）对频率求导可得到顶板速度极值时的外界扰动频率取值，见式（6-14）。

$$\omega_2 = \omega_n = \sqrt{\frac{k}{m}} \tag{6-14}$$

外界扰动频率满足式（6-14）时，顶板出现速度共振，速度极值见式（6-15），当外界扰动频率接近 ω_2 时将出现顶板的速度准共振现象。

$$v_{pmax} = \frac{p}{c} \tag{6-15}$$

由式(6-15),顶板速度极值 v_{pmax} 与外界扰动力幅值 p 成正比,与支护阻尼 c 成反比,基于顶板-支护系统位移准共振分析中的计算参数,系统参数对顶板速度极值 v_{pmax} 的影响如图 6-3 所示。

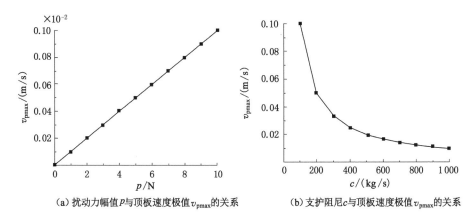

(a) 扰动力幅值 p 与顶板速度极值 v_{pmax} 的关系　　(b) 支护阻尼 c 与顶板速度极值 v_{pmax} 的关系

图 6-3　速度极值 v_{pmax} 与影响因素之间的关系

由图 6-3 可知,顶板速度极值 v_{pmax} 与外界扰动力幅值 p 呈正相关,与支护阻尼 c 呈负相关。由此可见,可通过提高支护阻尼来抑制顶板的速度响应。

(4) 顶板-支护系统加速度准共振

由顶板冲击响应公式(6-2)可得顶板加速度响应,见式(6-16)。

$$\ddot{x} = -a_p \sin(\omega t - \varphi) \tag{6-16}$$

式(6-16)中,a_p 为顶板加速度幅值,见式(6-17)。

$$a_p = x_p \omega^2 = \frac{\lambda^2 p}{m} \frac{1}{\sqrt{(1-\lambda^2)^2 + (2\zeta\lambda)^2}} \tag{6-17}$$

式(6-17)取得极值时的外界扰动频率满足式(6-18)。

$$\omega_3 = \frac{\omega_n}{\sqrt{1-2\zeta^2}} = \sqrt{\frac{k}{m(1-2\zeta^2)}} \tag{6-18}$$

外界扰动频率满足式(6-18)时,顶板出现加速度共振,加速度极值 a_{pmax} 见式(6-19),当外界扰动频率接近 ω_3 时将出现顶板的加速度准共振现象。

$$a_{pmax} = \frac{2pk}{c\sqrt{4km - c^2}} \tag{6-19}$$

顶板加速度极值 a_{pmax} 随扰动力幅值 p、顶板质量 m、支护刚度 k 及支护阻尼 c 的变化分别见式(6-20)~式(6-23)。基于顶板-支护系统位移准共振分析中的计算参数,a_{pmax} 与影响因素之间的关系如图 6-4 所示。

$$\frac{\partial a_{pmax}}{\partial p} = \frac{2k}{c\sqrt{4km - c^2}} > 0 \tag{6-20}$$

$$\frac{\partial a_{pmax}}{\partial m} = \frac{-4pk^2}{c\sqrt{(4km - c^2)^3}} < 0 \tag{6-21}$$

$$\frac{\partial a_{pmax}}{\partial k} = \frac{2p(2km - c^2)}{c\sqrt{(4km - c^2)^3}} > 0 \tag{6-22}$$

$$\frac{\partial a_{\text{pmax}}}{\partial c} = \frac{4pk(c^2 - 2km)}{c^2\sqrt{(4km - c^2)^3}} < 0 \tag{6-23}$$

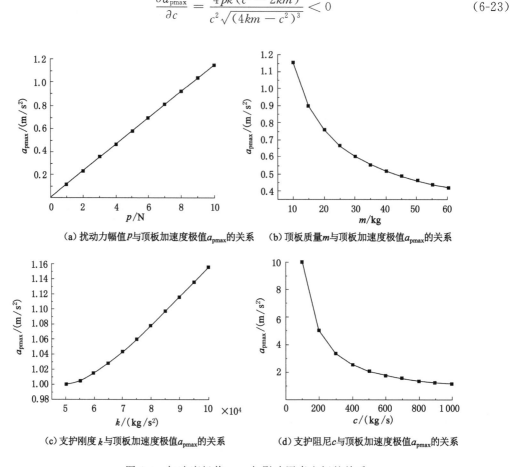

(a) 扰动力幅值 p 与顶板加速度极值 a_{pmax} 的关系   (b) 顶板质量 m 与顶板加速度极值 a_{pmax} 的关系

(c) 支护刚度 k 与顶板加速度极值 a_{pmax} 的关系   (d) 支护阻尼 c 与顶板加速度极值 a_{pmax} 的关系

图 6-4　加速度极值 a_{pmax} 与影响因素之间的关系

由图 6-4 可知，a_{pmax} 与外界扰动力幅值 p 及支护刚度 k 呈正相关，a_{pmax} 与顶板质量 m 及支护阻尼 c 呈负相关。

综上所述，顶板支护系统存在三种不同的准共振响应，会对顶板支护系统产生冲击破坏，且支护阻尼对这三种准共振响应幅值均具有抑制效果。

6.1.2　顶板-支护系统的准共振冲击危险性判定与防冲控制

图 6-5 为某矿顶板冲击巷道支护破坏现场，图中支护的破坏是支护失稳或塑性屈曲造成的。顶板的位移、速度、加速度分别在相应的系统共振频率作用下出现极值，且外界扰动频率接近系统共振频率时其幅值急剧增大出现接近共振状态的准共振现象。下面基于这三种准共振响应特征现象，分析顶板支护系统中的支护冲击破坏条件与冲击危险性判定。

（1）顶板准共振诱发支护失稳式破坏与防冲控制

① 顶板位移准共振诱发支护失稳。

在顶板冲击作用下支护体受力 F_s 为：

$$F_s = k\Delta x \tag{6-24}$$

其中，Δx 为支护体变形量，由于顶板受冲击扰动且假设底板固定不动，由式(6-2)可知，

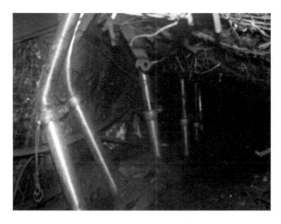

图 6-5 顶板冲击巷道支护破坏现场

$\Delta x = x_p \sin(\omega t - \varphi)$。在顶板位移准共振时支护体变形量 Δx 将迅速增大并接近式(6-3),若支护体受力 F_s 达到其失稳的临界载荷,则支护将发生失稳破坏,见式(6-25)。

$$F_s = kx_p \geqslant F_{cr} \tag{6-25}$$

其中,F_{cr} 为支护体发生失稳的临界载荷,巷道单体支柱支护可视为两端固定的压杆,则由压杆失稳临界力可知,$F_{cr} = (\pi^2 EI)/l^2$,将式(6-3)所表示的 x_p 代入式(6-25)可得式(6-26)。

$$\frac{p/F_{cr}}{\sqrt{(1-\lambda^2)^2 + (2\zeta\lambda)^2}} \geqslant 1 \tag{6-26}$$

令力幅比 $\beta = p/F_{cr}$,这里仅讨论 $\beta < 1$ 的情况,因为若 $\beta \geqslant 1$ 则初始载荷 p 已达到支护失稳的临界力 F_{cr},支护自然发生失稳破坏。同时定义顶板位移准共振的支护安全系数 α_1 为:

$$\alpha_1 = \frac{\beta}{\sqrt{(1-\lambda^2)^2 + (2\zeta\lambda)^2}} \tag{6-27}$$

因此,当安全系数 $\alpha_1 \geqslant 1$ 时支护将发生冲击失稳破坏。顶板准共振与频率比 λ 密切相关,当外界扰动频率接近系统固有频率而出现准共振时 λ 接近 1。

依据式(6-27)给出的支护冲击失稳破坏安全系数,下面从外界扰动频率比 λ 来分析支护的冲击危险性判定。a. 若阻尼比 ζ 满足式(6-28)时,$\alpha_1 \geqslant 1$ 关于 λ 无解,即在外界扰动频率变化下,顶板支护系统是恒稳定的。b. 若阻尼比 ζ 满足式(6-29),则 $\alpha_1 \geqslant 1$ 关于 λ 有解。

$$\zeta > \sqrt{\frac{1}{2} - \frac{1}{2}\sqrt{1-\beta^2}} \tag{6-28}$$

$$\zeta \leqslant \sqrt{\frac{1}{2} - \frac{1}{2}\sqrt{1-\beta^2}} \tag{6-29}$$

此时,支护存在顶板位移准共振响应下的冲击危险频率比区间,即

$$\lambda_1 \leqslant \lambda \leqslant \lambda_2 \tag{6-30}$$

式(6-30)中,λ_1(或 λ_2)$= \sqrt{(1-2\zeta^2) \mp \sqrt{(2\zeta^2-1)^2 - (1-\beta^2)}}$。

上面的分析说明,顶板位移准共振诱发的支护失稳破坏不仅与频率比 λ 有关,还与系统的阻尼比 ζ 有关,增大阻尼可抑制顶板位移准共振诱发的支护失稳破坏。由式(6-30)可知,在支护发生失稳破坏的情形下,具有冲击危险性的岩体扰动频率比取值区间与 ζ 和 β 的取

值有关。根据式(6-27),在不同 ζ 和 β 取值下,扰动频率比 λ 与安全系数 α_1 的关系曲线如图 6-6 所示。

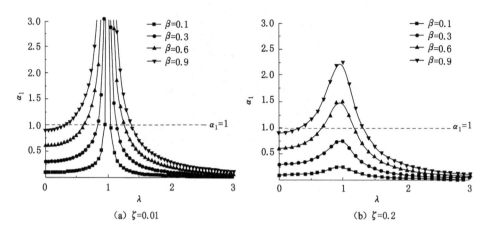

(a) $\zeta=0.01$　　　　　　　　　**(b)** $\zeta=0.2$

图 6-6　顶板位移准共振冲击危险扰动频率比与安全系数关系曲线

由图 6-6 可知,在频率比 $\lambda=1$ 时,即外界扰动频率与系统固有频率相等,当频率比接近 $\lambda=1$ 时将出现准共振现象,此时安全系数 α_1 明显增大,将出现支护的失稳破坏($\alpha_1\geqslant1$)。同时,支护失稳破坏的扰动频率比 λ 与 ζ 和 β 的取值有关。当 $\zeta=0.01$ 时,图中的 β 取 0.1、0.3、0.6、0.9 与 ζ 的关系均满足式(6-29),由此可知具有冲击危险性的岩体扰动频率比 λ 的取值区间满足式(6-30),见表 6-1。当 $\zeta=0.2$ 时,在 β 取值为 0.1 和 0.3 时,其与 ζ 的关系满足式(6-28),此时顶板支护系统在位移准共振下是恒稳定的($\alpha_1<1$),但当图中的 β 取值为 0.6 和 0.9 时,其与 ζ 的关系满足式(6-29),由此可知具有冲击危险性的岩体扰动频率比 λ 取值区间满足式(6-30),见表 6-1。因此,增大支护阻尼能减小危险频率比取值区间直至消失,同时,当 ζ 一定时,随着 β 的下降,支护失稳的岩体扰动频率比 λ 取值区间端点越来越靠近 $\lambda=1$。

表 6-1　顶板位移准共振下支护失稳破坏的扰动频率比区间

β	$\zeta=0.01$			$\zeta=0.2$		
	λ_1	λ_2	$\Delta\lambda$	λ_1	λ_2	$\Delta\lambda$
0.1	0.95	1.05	0.10	—	—	—
0.3	0.84	1.14	0.30	—	—	—
0.6	0.63	1.27	0.64	0.68	1.17	0.49
0.9	0.31	1.38	1.07	0.33	1.32	0.99

② 顶板加速度准共振诱发支护失稳

在顶板扰动载荷 $f(t)$ 作用下,其冲击响应为:

$$ma = f(t) - F_s \tag{6-31}$$

其中,a 为顶板冲击加速度;F_s 为支护体受顶板冲击作用时的支反力,由方程(6-1)可知,支反力包括弹性力和阻尼力。若支护的支反力满足 $F_s\geqslant F_{cr}$,则支护将发生失稳破坏,即

$$F_s = f(t) - ma \geqslant F_{cr} \tag{6-32}$$

将式(6-16)表示的顶板加速度和 $f(t) = p\sin\omega t$ 代入式(6-32)，可得式(6-33)。

$$p\sin\omega t + ma_p\sin(\omega t - \varphi) \geqslant F_{cr} \tag{6-33}$$

将式(6-17)中的 a_p 及式(6-4)中的 φ 代入式(6-33)，可得顶板加速度准共振诱发支护失稳破坏的判别式，即

$$\beta^2 + \frac{2\beta^2\lambda^2}{\sqrt{(1-\lambda^2)^2+(2\zeta\lambda)^2}}\cos\left(\arctan\frac{2\zeta\lambda}{1-\lambda^2}\right) + \left[\frac{\beta\lambda^2}{\sqrt{(1-\lambda^2)^2+(2\zeta\lambda)^2}}\right]^2 \geqslant 1 \tag{6-34}$$

定义顶板加速度准共振的支护安全系数 α_2 为：

$$\alpha_2 = \beta^2 + \left[\frac{\beta\lambda^2}{\sqrt{(1-\lambda^2)^2+(2\zeta\lambda)^2}}\right]^2 + \frac{2\beta^2\lambda^2}{\sqrt{(1-\lambda^2)^2+(2\zeta\lambda)^2}}\cos\left[\arctan\frac{2\zeta\lambda}{1-\lambda^2}\right]$$

$$\tag{6-35}$$

当安全系数 $\alpha_2 \geqslant 1$ 时，支护将发生冲击失稳。由式(6-17)和式(6-4)可得式(6-36)。

$$\lim_{\lambda\to\infty} a_p = \frac{p}{m} \quad \text{且} \quad \lim_{\lambda\to\infty}\varphi = 0 \tag{6-36}$$

由式(6-36)可知，随着顶板扰动频率的增加（$\lambda\to\infty$），加速度幅值 a_p 逐渐逼近一个定值而非衰减为零。将式(6-36)代入式(6-33)并由式(6-34)可知，在力幅比 β 满足式(6-37)时，若扰动频率比 $\lambda \geqslant 1$ 则支护将发生失稳破坏，即高频扰动会有冲击危险。

$$\beta \geqslant 0.5 \tag{6-37}$$

同时，由式(6-35)的安全系数 α_2 可知：

$$\lim_{\lambda\to\infty}\alpha_2 = 4\beta^2 \tag{6-38}$$

式(6-38)同样说明了在 $\beta \geqslant 0.5$ 时，若 $\alpha_2 > 1$，则出现冲击危险，但当 $\beta < 0.5$ 时，高频扰动将不再产生冲击危险。由式(6-35)可知，在顶板加速度准共振下，支护冲击失稳的扰动频率比 λ 取值区间的端点满足方程组(6-39)。

$$\begin{cases}\beta^2 + \dfrac{2\beta^2\lambda^2}{\sqrt{\lambda^4+(4\zeta^2-2)\lambda^2+1}}\cos\left(\arctan\dfrac{2\zeta\lambda}{1-\lambda^2}\right) + \left(\dfrac{\beta\lambda^2}{\sqrt{\lambda^4+(4\zeta^2-2)\lambda^2+1}}\right)^2 = \alpha_2 \\ \alpha_2 = 1\end{cases}$$

$$\tag{6-39}$$

由式(6-39)可知，λ 的取值与 ζ 和 β 有关，计算在不同 ζ 和 β 下顶板加速度准共振冲击危险扰动频率比 λ 与冲击安全系数 α_2 的关系曲线，如图 6-7 所示。

由图 6-7 可知，在扰动频率比 λ 接近 1 出现准共振时，安全系数 α_2 明显增大，将出现支护的失稳破坏（$\alpha_2 \geqslant 1$），同时支护失稳破坏的扰动频率比 λ 与阻尼比 ζ 和力幅比 β 的取值有关。由式(6-37)可知，$\beta \geqslant 0.5$ 时，扰动频率比在 $\lambda \geqslant 1$ 的区间内支护将发生失稳破坏，在图 6-7 中，β 取值为 0.6 和 0.9 时，支护失稳破坏的扰动频率比区间右端趋于 ∞，同时区间的左端点满足式(6-39)，ζ 增大或 β 下降，区间的有界端点接近 $\lambda=1$，见表 6-2。当 $\beta < 0.5$ 时，危险扰动频率比区间的端点满足式(6-39)，同时随着 ζ 的增大，危险频率比区间将缩短直至消失。当 ζ 较小时（$\zeta=0.01$），随着 β 的下降，支护失稳的岩体扰动频率比接近 $\lambda=1$，见表 6-2。

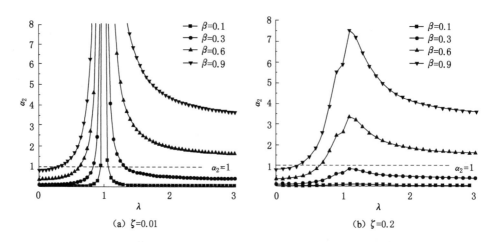

(a) $\zeta=0.01$ (b) $\zeta=0.2$

图 6-7 顶板加速度准共振冲击危险扰动频率比与安全系数关系曲线

表 6-2 顶板加速度准共振下支护失稳破坏的扰动频率比区间

β	$\zeta=0.01$			$\zeta=0.2$		
	λ_1	λ_2	$\Delta\lambda$	λ_1	λ_2	$\Delta\lambda$
0.1	0.95	1.06	0.11	—	—	—
0.3	0.84	1.32	0.48	—	—	—
0.6	0.64	∞	∞	0.66	∞	∞
0.9	0.32	∞	∞	0.32	∞	∞

（2）顶板速度准共振诱发支护屈曲式破坏与防冲控制

下面从顶板速度准共振时顶板与支护间的能量转化来分析支护的破坏。在顶板冲击响应过程中，顶板的动能将转化为支护体的应变能，当支护体达到弹性储能的极限时，若顶板还剩余冲击能量，支护将发生塑性变形耗散剩余能量，支护也随之发生屈曲失效破坏。顶板速度准共振会引起顶板动能的急剧增大，从能量转化角度当顶板转化给支护的动能超过支护的弹性应变能极限时支护会发生屈曲破坏，因此支护破坏的能量条件为：

$$E_k \geqslant E_{ce} \tag{6-40}$$

其中，E_k 为顶板的动能，由方程（6-1）知，E_k 是考虑支护阻尼作用后的顶板动能响应。由顶板速度响应公式（6-12）可知 $E_k = \dfrac{1}{2}m v_p^2$，支护体存储弹性应变能的极限值为 $E_{ce} = \dfrac{F_{ce}^2}{2k}$，其中，$F_{ce}$ 为支护体达到弹性极限时的载荷，则式（6-40）可表示为式（6-41）。

$$\frac{\lambda \cdot p/F_{ce}}{\sqrt{(1-\lambda^2)^2 + (2\zeta\lambda)^2}} \geqslant 1 \tag{6-41}$$

定义顶板速度准共振下的支护安全系数 α_3 为：

$$\alpha_3 = \frac{\lambda\beta'}{\sqrt{(1-\lambda^2)^2 + (2\zeta\lambda)^2}} \tag{6-42}$$

式（6-42）中，力幅比 $\beta' = p/F_{ce}$。因此，当安全系数 $\alpha_3 \geqslant 1$ 时，支护将发生顶板速度准共振下的屈曲失效破坏。依据式（6-41）冲击破坏条件，下面基于扰动频率比 λ 来分析支护的冲击危险性判定。

① 若阻尼比 ζ 满足式(6-43)，$\alpha_3 \geq 1$ 关于 λ 无解，即在外界扰动频率变化下，顶板支护系统是恒稳定的。

$$\zeta > \frac{\beta'}{2} \tag{6-43}$$

② 若阻尼比 ζ 满足式(6-44)，则 $\alpha_3 \geq 1$ 关于 λ 有解。

$$\zeta \leqslant \frac{\beta'}{2} \tag{6-44}$$

此时支护在顶板速度准共振下的冲击危险频率比 λ 取值区间为：

$$\lambda_1 \leqslant \lambda \leqslant \lambda_2 \tag{6-45}$$

式(6-45)中，λ_1（或 λ_2）$= \sqrt{\left(1 - 2\zeta^2 + \frac{\beta'^2}{2}\right) \mp \sqrt{4\zeta^4 - (4 + 2\beta'^2)\zeta^2 + \beta'^2 + \frac{\beta'^4}{4}}}$。

上面的分析说明，顶板速度准共振诱发的支护冲击破坏与系统的阻尼比 ζ 密切相关，通过提高支护阻尼可抑制顶板速度准共振诱发的支护破坏。同时由式(6-45)可知，在支护发生冲击破坏情形下，具有冲击危险性的岩体扰动频率比 λ 取值区间与 ζ 和 β' 有关。

由式(6-42)计算在不同 ζ 和 β' 取值下，扰动频率比 λ 与安全系数 α_3 的关系曲线，如图 6-8 所示。

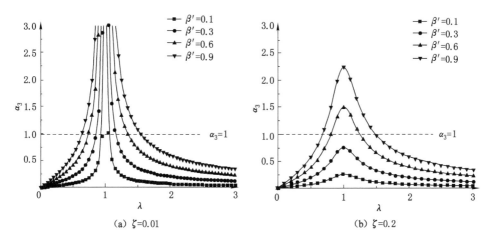

图 6-8　顶板速度准共振冲击危险扰动频率比与安全系数关系曲线

由图 6-8 可知，在扰动频率比接近 $\lambda = 1$，即产生准共振时，安全系数 α_3 明显增大，将出现支护的冲击破坏（$\alpha_3 \geq 1$），同时支护破坏的扰动频率比与 ζ 和 β' 的取值有关。当 $\zeta = 0.01$ 时，图中 β' 取 0.1、0.3、0.6、0.9 与 ζ 的关系均满足式(6-44)，可知具有冲击危险性的岩体扰动频率比 λ 取值区间满足式(6-45)，见表 6-3。当 $\zeta = 0.2$ 时，在 β' 取值为 0.1 和 0.3 时，其与 ζ 的关系满足式(6-43)，此时顶板支护系统在速度准共振下是恒稳定的，当 β' 取值为 0.6 和 0.9 时，其与 ζ 的关系满足式(6-44)，可知具有冲击危险性的岩体扰动频率比 λ 取值区间满足式(6-45)，见表 6-3。因此，增大支护阻尼能减小危险扰动频率比的取值区间直至消失。同时，当 ζ 一定时，随着 β' 的下降，支护冲击破坏的岩体扰动频率比越来越接近 1。

表 6-3　顶板速度准共振下支护破坏的扰动频率比区间

β	$\zeta=0.01$			$\zeta=0.2$		
	λ_1	λ_2	$\Delta\lambda$	λ_1	λ_2	$\Delta\lambda$
0.1	0.95	1.05	0.10	—	—	—
0.3	0.86	1.16	0.30	—	—	—
0.6	0.74	1.34	0.60	0.80	1.25	0.45
0.9	0.65	1.54	0.89	0.68	1.48	0.80

对比这三种顶板准共振下的危险扰动频率比区间,由表 6-1～表 6-3 可知,由速度准共振得到的危险扰动频率比区间范围要小于位移准共振下的频率比区间范围,加速度准共振危险扰动频率比区间存在右端点趋于 ∞ 的情形。随着阻尼比 ζ 的增大,危险扰动频率比区间均在缩小且阻尼比和力幅比取值均较小时,如 $\zeta=0.01$、$\beta=\beta'=0.1$,由这三种准共振引起的支护冲击破坏危险扰动频率比取值接近。为避免这三种准共振现象诱发的冲击灾害,可通过干扰顶板受到的扰动频率或调控顶板支护系统的固有频率来规避危险扰动频率比区间,还可以通过提高支护阻尼来降低顶板准共振效应的冲击危害。

6.2　支护等效阻尼的分布对吸能防冲的影响分析

6.2.1　顶板-支护系统动力响应理论分析

(1)刚性支护及吸能支护作用下顶板-支护系统冲击响应

如图 6-1 所示的巷道顶板支护系统,在吸能支护作用下顶板的位移响应为式(6-2),若支护阻尼为零,即 $c=0$,则支护体为刚性支护,在刚性支护作用下顶板的动力响应为式(6-46)。

$$m\ddot{x} + kx = f(t) \tag{6-46}$$

由方程(6-46)可知,顶板的位移响应为:

$$x_* = A_* \sin(\omega t) \tag{6-47}$$

其中,$A_* = \dfrac{p}{\sqrt{(k-m\omega^2)^2}} = \dfrac{p}{k}\dfrac{1}{\sqrt{(1-\lambda^2)^2}}$。

从式(6-2)和式(6-47)可知,$x_p < A_*$,则在吸能支护作用下顶板的位移响应幅值 x 小于刚性支护作用下的位移幅值 x_*。因此,吸能支护相比于刚性支护,顶板的冲击位移响应得到了有效控制。

下面分析刚性支护体和吸能支护体的冲击动力响应。支护体的冲击响应可表示为式(6-48)。

$$m_b a = F_r + F_f + m_b g \tag{6-48}$$

其中,F_r 为顶板对支护的作用力;F_f 为底板对支护的作用力;m_b 为支护体的质量;a 为支护体的冲击响应加速度。

若支护体为刚性支护,则 $F_r + F_f$ 可表示为:

$$F_r + F_f = -k\Delta x \tag{6-49}$$

其中,Δx 为顶板和底板间的相对位移,由于假设底板固定不动,则 $\Delta x = -x_*$,这里的

x_*为顶板位移。在图 6-1 中,顶板位移规定向下为正,则支护在压缩时的形变量 Δx 为负值。在顶板冲击扰动下,刚性支护体的加速度响应 a_* 为:

$$a_* = -(k/m_b)\Delta x + g \tag{6-50}$$

由式(6-50)可知,当支护刚度一定时,k/m_b 便是一个常数,刚性支护体的加速度只与 Δx 有关。

若支护体为吸能支护,则 $F_r + F_f$ 可表示为:

$$F_r + F_f = -k\Delta x + c\Delta\dot{x} \tag{6-51}$$

这里,$\Delta x = -x$,则在顶板冲击扰动下吸能支护体的加速度响应 a' 为:

$$a' = -\left(\frac{k}{m_b}\right)\Delta x + \left(\frac{c}{m_b}\right)\Delta\dot{x} + g \tag{6-52}$$

由式(6-52)可知,吸能支护的加速度不仅与 Δx 有关,还与 Δx 的变化率即 $\dot{\Delta x}$ 有关。① 当顶板冲击时,支护体压缩形变量逐渐增大,则 Δx 是关于时间 t 的减函数,$\Delta\dot{x}<0$,比较式(6-50)和式(6-52)有 $a_*>a'$,可知吸能支护体的加速度响应小于刚性支护的加速度响应,有效地抑制了支护体的动力响应。② 在支护体受到冲击后恢复变形过程中,Δx 逐渐减小,此时 Δx 为增函数,则 $\Delta\dot{x}>0$,因此有 $a_*<a'$,可知此时吸能支护体恢复变形的加速度在增大,将提高支护体的冲击响应稳定性。

综合上面的顶板响应和支护响应分析,具有阻尼吸能特性的支护具有较好的减震防冲效应。下面分析阻尼在支护上的不同分布特征对减震防冲效应的影响。

(2)串联吸能和混联吸能支护模式下顶板-支护系统冲击响应

图 6-1 给出的巷道吸能支护模式为并联形式,根据阻尼与刚性支护体的组合形式,下面分别讨论串联吸能支护模式(图 6-9)及混联吸能支护模式(图 6-10),进而对比分析上述三种吸能支护模式的减震防冲效果。

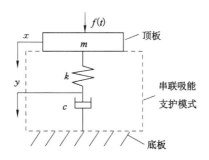

图 6-9　串联吸能支护模式

在图 6-9 所示的巷道串联吸能支护模式作用下,顶板的动力响应方程为:

$$\begin{cases} m\ddot{x} + k(x-y) = f(t) \\ k(x-y) = c\dot{y} \end{cases} \tag{6-53}$$

由方程(6-53)可知,顶板的位移响应为:

$$x_2 = A_2\sin(\omega t + \theta_2) \tag{6-54}$$

其中,

$$A_2 = F_0 \sqrt{\frac{k^2 + c^2 \omega^2}{m^2 k^2 \omega^4 + (c\omega k - mc\omega^3)^2}}$$

$$\theta_2 = \arctan \frac{-ck^2}{c^2 \omega k - mk^2 \omega - mc^2 \omega^3}$$

在图 6-10 所示的巷道混联吸能支护模式作用下,顶板的动力响应方程为:

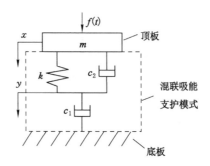

图 6-10　混联吸能支护模式

$$\begin{cases} m\ddot{x} + c_2(\dot{x} - \dot{y}) + k(x - y) = f(t) \\ c_1 \dot{y} = c_2(\dot{x} - \dot{y}) + k(x - y) \end{cases} \tag{6-55}$$

由方程(6-55)可知,顶板的位移响应为:

$$x_3 = A_3 \sin(\omega t + \theta_3) \tag{6-56}$$

其中,

$$A_3 = F_0 \sqrt{\frac{k^2 + (c_1 \omega + c_2 \omega)^2}{(km\omega^2 + c_1 c_2 \omega^2)^2 + (kc_1 \omega - mc_1 \omega^3 - c_2 m\omega^3)^2}}$$

$$\theta_3 = \arctan \frac{c_1^2 c_2 \omega^2 + c_1 c_2^2 \omega^2 + k^2 c_1}{-kc_1^2 \omega + 2c_1 c_2 m\omega^3 + k^2 m\omega + mc_1^2 \omega^3 + mc_2^2 \omega^3}$$

(3) 吸能支护的减震防冲效应计算分析

下面通过计算对比分析刚性支护及不同吸能支护模式作用下顶板-支护系统的动力响应。取计算参数:顶板质量 $m = 500$ kg,支护体质量 $m_s = 50$ kg,支护刚度 $k = 1 \times 10^5$ kg/s^2。由此可知顶板-支护系统的固有频率为 $\omega_n = \sqrt{\frac{k}{m}} \approx 14.14$ Hz,外界扰动 $f(t) = p\sin(\omega t)$,其中 $p = 100$ N。取外界扰动频率 $\omega = 15$ Hz 接近系统的固有频率,此时系统响应较为强烈,同时系统的临界阻尼 $c_c = 2\sqrt{km}$,由于实际中顶板支护系统的临界阻尼较大,难以通过阻尼器设计达到其临界阻尼,这里取吸能支护中的阻尼系数 $c = 0.1 \times c_c = 1\,400$ kg/s,重点分析阻尼在支护上的分布对防冲吸能的影响,在混联吸能支护模式中的阻尼 c_1、c_2 采用相同的阻尼器,为保持总阻尼一定,取 $c_1 = c_2 = 700$ kg/s。由式(6-45)、式(6-47)、式(6-54)和式(6-56)可知,在冲击扰动下顶板的位移响应如图 6-11 所示,由式(6-50)和式(6-52)可知,支护体的加速度响应如图 6-12 所示。

由图 6-11 和图 6-12 可知,三种吸能支护模式相比于刚性支护均具有较好的减震防冲效果。从顶板冲击位移的控制效果来看,串联和混联吸能模式的支护效果接近且优于并联模式,同时串联吸能支护模式下的顶板冲击最大位移相比于巷道刚性支护作用下降了约

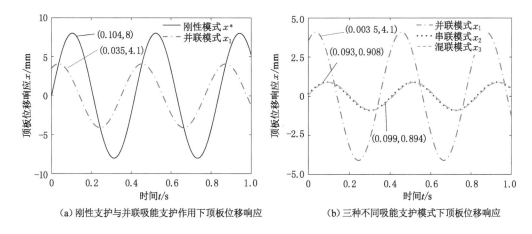

（a）刚性支护与并联吸能支护作用下顶板位移响应　　（b）三种不同吸能支护模式下顶板位移响应

图 6-11　顶板位移响应

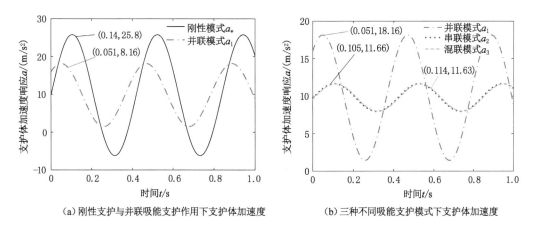

（a）刚性支护与并联吸能支护作用下支护体加速度　　（b）三种不同吸能支护模式下支护体加速度

图 6-12　支护体加速度响应

89%；从支护体的加速度响应来看，串联和混联吸能模式效果也比较接近且优于并联模式，同时串联吸能支护模式支护体加速度幅值相比于巷道刚性支护作用下降了约 55%。顶板支护系统的动力响应在不同支护模式下存在一定的相位差，且串联和混联模式的相位较为接近。在实际工况中，考虑安装简易及成本，采用串联吸能支护模式更为合理。

6.2.2　吸能支护模式对围岩减震防冲效果影响的模拟分析

（1）三种吸能支护模式的冲击响应模拟

冲击地压具有发生时间短、释放能量大等特点，常规刚性液压支柱在面临冲击时往往会被破坏。在支柱上附加阻尼构件形成吸能支护能在一定程度上有效解决这个问题[97]。阻尼器是吸能支护的重要组成部分，基于折纸结构[98-99]，设计一种金属制圆台薄壁吸能构件作为支护的阻尼器，如图 6-13（a）所示，目前已应用于吸能防冲支架中的折楞管吸能构件如图 6-13（b）所示，数值模拟压溃时的力-位移曲线如图 6-14 所示。图 6-13 中的构件采用理想弹塑性体，弹性模量为 210 GPa，泊松比为0.269，密度为 7 850 kg/m³，屈服应力为 461 MPa。从图 6-14 可知,圆台薄壁吸能构件的支反力曲线与折楞管吸能构件相当,具备较好的吸能特性,可满足吸能防冲支架的静动载要求,并且结构更加简单。

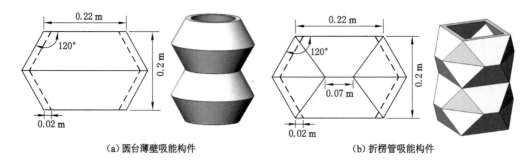

（a）圆台薄壁吸能构件　　　　　　　　（b）折楞管吸能构件

图 6-13　两种吸能构件模型

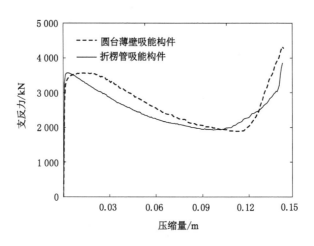

图 6-14　两种吸能构件的力-位移曲线

　　结合理论分析的三种吸能支护模式,将图 6-13(a)所示的圆台薄壁吸能构件与刚性支护体组合,构建三种吸能支护模式的有限元模型,如图 6-15 所示。并联吸能支护模式如图 6-15(a)所示,采用两节吸能构件套于刚性支护体外侧且其上端面与支护体顶部在同一平面内,吸能构件的下端采用固定约束。串联吸能支护模式如图 6-15(b)所示,两节吸能构件置于支护体下端且构件与支护体的轴线重合。混联吸能支护模式如图 6-15(c)所示,支护体上端并联一节吸能构件同时在下端串联一节吸能构件。模型参数为:支护体高度 2 m,支柱直径 0.11 m,采用理想弹塑性体,弹性模量为 210 GPa,泊松比为 0.3,密度为 7 850 kg/m³,屈服应力为400 MPa。冲击地压灾害孕育的动载特征是巷道围岩内的冲击波作用具有一定的幅值、频率、时间等特征,但是冲击地压的发生是瞬间的能量急剧释放过程,同时基于围岩微震监测,一般在回采时若出现能量为 10^5 J 的矿震时,则表明具有较强的冲击危险[100]。因此,取顶板的冲击能量 $E_k = 700$ kJ,冲击速度 $v = 8$ m/s[101],由动能定理可得顶板质量,忽略顶底板的冲击变形,将其设置为刚性体,采用 ABAQUS/Explicit 模块进行分析。

　　从支护体和吸能构件的冲击响应两个方面来分析吸能支护模式的减震防冲效果,采用支护体受冲击后的变形、支护体应力、支护等效塑性应变作为支护体响应分析指标,采用吸

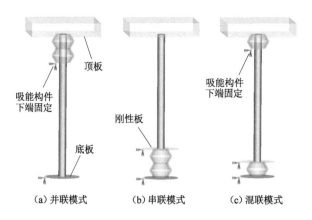

图 6-15 三种吸能支护模式冲击模拟模型图

能构件在冲击过程中的弹性应变能、塑性耗散能作为吸能构件响应分析指标。三种吸能支护模式下支护体动力响应如图 6-16，吸能构件的动力响应如图 6-17 所示。

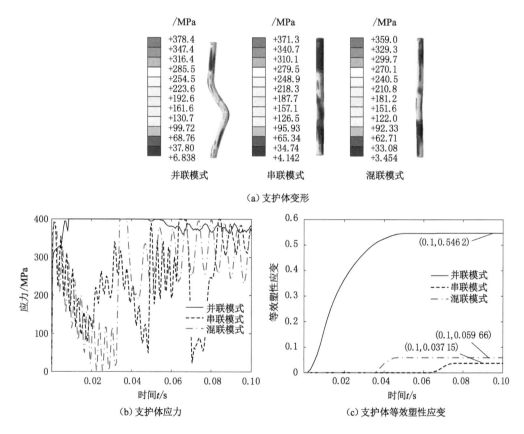

图 6-16 冲击作用下支护体动力响应

从图 6-16 可知，在顶板冲击作用下，对于支护变形方面，三种吸能支护模式差异较大，其中并联吸能支护模式下的支护体发生了较大的屈曲变形，串联吸能支护模式与混联吸能支护模式下的支护体冲击变形较小。在支护应力方面，并联吸能支护模式时的支护应力迅速达到了屈服值 400 MPa 并出现较长时间的平台期，而串联与混联吸能支护模式下的支护应力出现明显的波动，同时分别在 0.064 s 和 0.035 s 时达到第一次屈服值 400 MPa。在支护体等效塑性应变方面，串联吸能支护模式下支护体的等效塑性应变最小且发生时间明显延后，相比之下，混联吸能支护模式下支护体等效塑性应变略有增大且发生时间提前，并联吸能支护模式下支护体等效塑性应变明显增大，同时串联吸能支护模式下支护体的等效塑性应变相比于混联和并联吸能模式分别下降了 38% 和 93%。支护体的变形、应力和等效塑性应变值越小越能反应吸能构件对支护体的保护作用，间接反映了其吸能效果越好。因此，对于并联吸能支护模式，即使吸能构件产生了一部分吸能效果，但面对较大的冲击能量仍然不能很好地保护支护体，但串联吸能模式具有较好的支护保护作用。

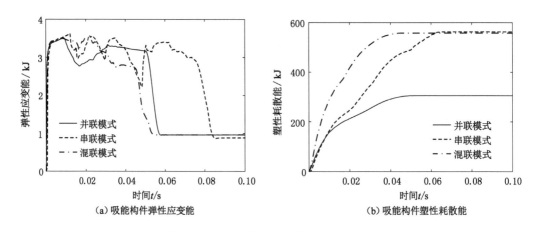

（a）吸能构件弹性应变能　　　　　（b）吸能构件塑性耗散能

图 6-17　冲击作用下吸能构件的动力响应

从图 6-17 可知，在吸能构件的弹性应变能响应方面，串联吸能支护模式下吸能构件的弹性应变能峰值最大，并且弹性吸能作用的时间历程明显长于其他两种吸能支护模式。在吸能构件的塑性耗散能方面，串联与混联吸能支护模式明显优于并联吸能支护模式，同时串联吸能支护模式相比于混联吸能支护模式其塑性耗散能缓慢增大，直到 0.064 s 后吸能构件才被压实而停止塑性耗能，相比之下混联吸能模式在 0.042 s 时停止塑性耗能。弹性应变能和塑性耗散能幅值越大且作用时间越长则表明吸能构件的吸能效率越高且效果越好。

综合支护响应和吸能构件响应可知，串联吸能支护模式具有较大的减震防冲优势。

（2）串联吸能支护模式优化分析

通过上面的分析，串联吸能支护模式的减震防冲效果较好。下面进一步分析优化吸能构件在刚性支护上的串联布置对其减震防冲的影响。图 6-18 给出了吸能构件的三种不同串联分布，图 6-18（a）为吸能构件在刚性支护的下端串联布置，图 6-18（b）为上端串联布置，图 6-18（c）为将双节吸能构件拆分在支护的两端分别布置。图 6-15（b）给出的串联吸能支护模式是图 6-18（a）的下端分布。基于前文的计算参数，图 6-19 给出了三种串联吸能支护模式下的支护体动力响应。吸能构件的弹性应变能和塑性耗散能如图 6-20 所示。

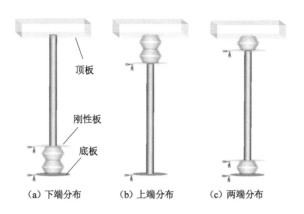

图 6-18 串联吸能支护模式中吸能构件的三种分布方式

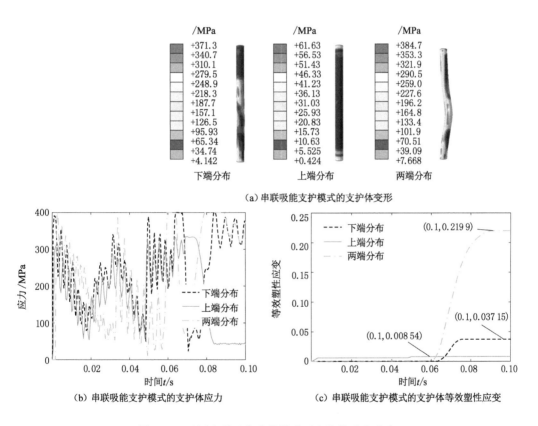

（a）串联吸能支护模式的支护体变形

（b）串联吸能支护模式的支护体应力

（c）串联吸能支护模式的支护体等效塑性应变

图 6-19 不同串联吸能支护模式下支护体动力响应

由图 6-19 可知，吸能构件在支护体上端串联分布时相比于下端分布及两端分布，支护体变形较小；应力幅值波动明显小于其他两种分布模式；支护体等效塑性应变出现微小幅值且在时间历程上平稳变化，没有出现突跳现象，其等效塑性应变最大值相比于下端及两端串联分布模式分别下降了约 77%、96%。因此，吸能构件在支护体上端串联分布时对支护体有明显的保护作用。

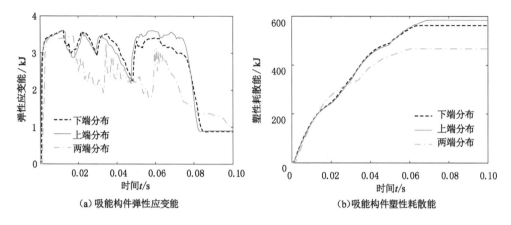

(a) 吸能构件弹性应变能　　　　　　(b) 吸能构件塑性耗散能

图 6-20　不同串联吸能支护模式下构件的动力响应

由图 6-20 可知,吸能构件在支护体上端串联分布时,构件的冲击弹性应变能及塑性耗散能相比于其他两种串联模式均较大,这表明相比之下此时吸能构件以较高的效率发挥其吸能作用。因此,在支护体上端串联吸能构件将更有助于支护体的稳定。

6.3　岩体与支护统一吸能防冲控制分析

6.3.1　岩体与支护统一吸能防冲理论分析

块系围岩与支护系统动力学模型如图 6-21[102] 所示,巷道支护简化为黏弹性体支撑块系围岩并与上覆岩块 m_s 相连且支护刚度为 k_s,支护阻尼为 c_s。块系围岩由 $n+1$ 个岩块及块体间的软弱连接介质组成,岩块相比于块体间的软弱连接介质可抽象为刚体,其质量为 c_i $(i=1,2,\cdots,n,s)$,块体间的软弱连接介质简化为 Kelvin-Voigt 模型,其具有黏性阻尼 $f(t)$ 以及弹性系数 $k_i(i=1,2,\cdots,n)$,初始块体 m_1 受冲击载荷 $f(t)$ 的作用。块体间的黏弹性软弱介质在块体自身重力作用下会发生变形而使块系围岩达到静力平衡状态,图 6-21 中的虚线位置为静力平衡位置。设在达到静力平衡时,由于块体间黏弹性介质的变形而使第 i 块岩块产生的位移量为 δ_i。

在冲击载荷 $f(t)$ 作用下,各岩块的动力响应可表示为:

$$\boldsymbol{M}\ddot{x}(t)+\boldsymbol{C}\dot{x}(t)+\boldsymbol{K}[x(t)+\delta]=\boldsymbol{M}g+\boldsymbol{F}(t) \tag{6-57}$$

其中,

$$\boldsymbol{M}=\begin{bmatrix} m_1 & & & & \\ & m_2 & & & \\ & & \ddots & & \\ & & & m_n & \\ & & & & m_s \end{bmatrix}$$

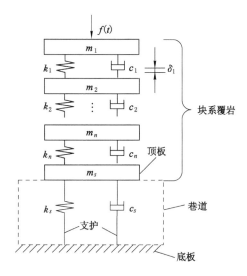

图 6-21　块系岩体与支护动力模型

$$C=\begin{bmatrix} c_1 & -c_1 & & & & & \\ -c_1 & (c_1+c_2) & -c_2 & & & & \\ & \ddots & \ddots & \ddots & & & \\ & & -c_{i-1} & (c_{i-1}+c_i) & -c_i & & \\ & & & \ddots & \ddots & \ddots & -c_n \\ & & & & & -c_n & (c_n+c_s) \end{bmatrix}$$

$$K=\begin{bmatrix} k_1 & -k_1 & & & & & \\ -k_1 & (k_1+k_2) & -k_2 & & & & \\ & \ddots & \ddots & \ddots & & & \\ & & -k_{i-1} & (k_{i-1}+k_i) & -k_i & & \\ & & & \ddots & \ddots & \ddots & -k_n \\ & & & & & -k_n & (k_n+k_s) \end{bmatrix}$$

$x=[x_1,\cdots,x_n,x_s]^{\mathrm{T}}$ 为块系岩体的位移向量，$F(t)=[f(t),0,\cdots,0]^{\mathrm{T}}$ 为岩体内的冲击载荷，$\delta=[\delta_1,\cdots,\delta_n,\delta_s]^{\mathrm{T}}$ 为块体间软弱介质作用下各块体的静载位移量。

根据静力平衡条件有：

$$m_i g = k_{i-1}(\delta_i - \delta_{i-1}) - k_i(\delta_{i+1} - \delta_i) = -k_{i-1}\delta_{i-1} + (k_{i-1}+k_i)\delta_i - k_i\delta_{i+1} \tag{6-58}$$

将式(6-58)代入式(6-57)可得：

$$M\ddot{x}(t) + C\dot{x}(t) + Kx(t) = F(t) \tag{6-59}$$

在静力平衡位置的初始脉冲载荷 $f(t)$ 扰动作用下，各岩块动力响应为：

$$y(t) = [x_1(t),\cdots,x_n(t),x_s(t),\dot{x}_1(t),\cdots,\dot{x}_n(t),\dot{x}]^{\mathrm{T}} = \Phi d q_0 \tag{6-60}$$

其中，$\Phi=[\varphi_1,\cdots,\varphi_{2s}]$，$\varphi_i$ 为非对称实矩阵 $B^{-1}A$ 的广义特征向量，即 $B^{-1}A\varphi_i=\varphi_i/\lambda$，$A=\begin{bmatrix} C & M \\ M & 0 \end{bmatrix}$，$B=\begin{bmatrix} K & 0 \\ 0 & -M \end{bmatrix}$；$d=\mathrm{diag}(\mathrm{e}^{\lambda_1 t},\mathrm{e}^{\lambda_2 t},\cdots,\mathrm{e}^{\lambda_{2s} t})$，$\lambda_i$ 为广义特征向量 φ_i 所对应的特

征值；$q_0 = a^{-1}\boldsymbol{\Phi}^{\mathrm{T}}Ay(0)$，$a = \boldsymbol{\Phi}^{\mathrm{T}}A\boldsymbol{\Phi} = \mathrm{diag}(a_1, a_2, \cdots, a_{2s})$，$y(0) = [0, \cdots, 0, v_1, 0, \cdots, 0]^{\mathrm{T}}$ 为初始条件，即块体 m_1 的初始扰动速度为 v_1。

下面分析冲击载荷 $f(t)$ 经块系覆岩传播后及在支护作用下顶板岩块 m_s 的能量变化。由于岩块相对于块体间的软弱连接介质可视为刚体，则顶板岩块的能量响应主要表现为动能，即

$$E_s(t) = \frac{1}{2}m_s \dot{x}_s^2(t) \tag{6-61}$$

其中 $\dot{x}_s(t) = (\boldsymbol{\Phi}d q_0)_{2s}$。当块体间的阻尼 c_i 和支护阻尼 c_s 发生变化时，对支护端岩块动能的影响，即

$$\frac{\partial E_s}{\partial c_i} = m_s \dot{x}_s \frac{\partial \dot{x}_s}{\partial c_i} \tag{6-62}$$

当 $i = s$ 时，表现为支护阻尼对顶板动能的影响；当 i 取其他值时，表现为块系围岩间的阻尼对顶板动能的影响。由式（6-62）可知，阻尼变化对顶板速度的影响决定着其动能的变化，因此下面仅分析阻尼（包括块系围岩阻尼和支护阻尼）对顶板速度变化的影响。在式（6-62）中，有

$$\frac{\partial \dot{x}_s}{\partial c_i} = \frac{\partial (\boldsymbol{\Phi}d q_0)_{2s}}{\partial c_i} \tag{6-63}$$

由式（6-60）可知：

$$(\boldsymbol{\Phi}d q_0)_{2s} = \sum_{i=1}^{2s} \varphi_{2s,i} \mathrm{e}^{\lambda_i t}(m_1 \varphi_{1,i}/a_{ii})v \tag{6-64}$$

因此，有：

$$\frac{\partial \dot{x}_s}{\partial c_i} = \frac{\partial (\boldsymbol{\Phi}d q_0)_{2s}}{\partial c_i} = \frac{\partial \left[\sum_{i=1}^{2s} \varphi_{2s,i} \mathrm{e}^{\lambda_i t}(m_1 \varphi_{1,i}/a_{ii})v \right]}{\partial c_i} \tag{6-65}$$

式（6-65）给出了阻尼对顶板速度变化的影响。由此可知：在外界冲击载荷 $f(t)$ 一定时，这里假定其瞬态扰动速度 v 一定，顶板的速度变化只与 λ、φ、a 的变化有关。由式（6-60）可知，λ、φ 均由矩阵 $B^{-1}A$ 所决定，同时 a 与矩阵 $\boldsymbol{\Phi}^{\mathrm{T}}A\boldsymbol{\Phi}$ 的变化有关。

下面分析块体间阻尼及支护阻尼变化导致矩阵 $B^{-1}A$ 发生变化时，特征值 λ 及特征向量 φ 的误差估计。令 $B^{-1}A = Q$，若矩阵 Q 在阻尼变化下有扰动 δQ 且 μ 是矩阵 $Q + \delta Q \in C^{2s \times 2s}$ 的特征值，则[103]

$$\min_{\lambda \in \lambda(Q)} |\lambda - \mu| \leqslant \kappa_p(\boldsymbol{\Phi}) \parallel \delta Q \parallel_p \tag{6-66}$$

其中，矩阵 Q 可对角化为 $Q = \boldsymbol{\Phi}D\boldsymbol{\Phi}^{-1}$ 且 $D = \mathrm{diag}[\lambda_1(Q), \cdots, \lambda_{2s}(Q)]$，矩阵 $\boldsymbol{\Phi}$ 由 Q 的特征向量张成。条件数 $\kappa_p(\boldsymbol{\Phi})$ 是特征值 λ 的误差敏感性控制因子。由此可知，当块体间阻尼或支护阻尼发生变化使得矩阵 Q 有微小扰动 δQ 时，所有特征值的扰动不超过矩阵 $\boldsymbol{\Phi}$ 的条件数 $\kappa_p(\boldsymbol{\Phi})$ 与 $\parallel \delta Q \parallel_p$ 的乘积。同样，矩阵 Q 的特征向量 φ 的扰动满足[103]：

$$\parallel \delta\varphi \parallel_p \leqslant \parallel (\hat{T} - \lambda I)^{-1} \parallel_p \parallel Q \parallel_p \varepsilon \tag{6-67}$$

其中，$\varepsilon = \parallel \delta Q \parallel_p / \parallel Q \parallel_p$。由式（6-67）可以得到块体间或支护阻尼变化导致矩阵 Q 的微小扰动后特征向量 φ 的误差。

由于 $a = \boldsymbol{\Phi}^{\mathrm{T}}A\boldsymbol{\Phi} = \mathrm{diag}(a_1, a_2, \cdots, a_{2s})$，同时由矩阵范数的性质可知矩阵 a^{-1} 的误差估计式为：

$$\| \delta(\boldsymbol{a}^{-1}) \|_p = \| \delta(\boldsymbol{\Phi}^{\mathrm{T}} \boldsymbol{A} \boldsymbol{\Phi})^{-1} \|_p \leqslant \| \delta \boldsymbol{\Phi}^{-1} \|_p \| \delta \boldsymbol{A}^{-1} \|_p \| \delta(\boldsymbol{\Phi}^{\mathrm{T}})^{-1} \|_p \qquad (6\text{-}68)$$

因此,可以由扰动矩阵 $\delta \boldsymbol{\Phi}^{-1}$,$\delta(\boldsymbol{\Phi}^{\mathrm{T}})^{-1}$,$\delta \boldsymbol{A}^{-1}$ 的范数来估计矩阵 $\boldsymbol{a}^{-1}$ 的误差。令

$\kappa_p(\boldsymbol{\Phi}) \| \delta Q \|_p = \lambda_p$,$\| (\hat{\boldsymbol{T}} - \lambda \boldsymbol{I})^{-1} \|_p \| Q \|_p \varepsilon = \varphi_p$,$\| \delta \boldsymbol{\Phi}^{-1} \|_p \| \delta \boldsymbol{A}^{-1} \|_p \| \delta(\boldsymbol{\Phi}^{\mathrm{T}})^{-1} \|_p = a_p$。

结合式(6-65)有:

$$\frac{\partial \dot{x}_s}{\partial c_i} \leqslant \sum_{i=1}^{2s} \varphi_p \mathrm{e}^{\lambda_p t} (m_1 \varphi_p a_p) v \qquad (6\text{-}69)$$

块体间阻尼及支护阻尼变化会导致矩阵 $\boldsymbol{B}^{-1} \boldsymbol{A}$ 的特征值 λ、特征向量 $\boldsymbol{\varphi}$ 以及对角阵 $\boldsymbol{a}$ 具有一定的扰动误差。由此可以通过块体间阻尼或支护阻尼来控制支护端岩块的速度变化,即在阻尼作用下 $\dfrac{\partial \dot{x}_s}{\partial c_i}$ 具有可控的界限。结合式(6-62)可知,可以通过阻尼变化来控制顶板的能量显现。

6.3.2　岩体与支护吸能防冲计算分析

通过增大围岩块体间的阻尼作用及在支护上附加阻尼耗能机制来实现吸能防冲。下面分别从岩体阻尼主动吸能及支护阻尼被动吸能两个方面进行吸能防冲计算分析,最后将岩体吸能与支护吸能结合起来进行统一吸能防冲分析。

（1）岩体主动吸能分析

对一定冲击能量经块系围岩的主动吸能作用后顶板的动能响应进行计算分析。选取原始计算参数:覆岩块体间软弱连接介质的黏弹性系数 $c_i = 35 \text{ kg/s}$,$k_i = 6 \times 10^5 \text{ kg/s}^2$,各岩块质量为 $m_i = 10 \text{ kg}(i = 1, \cdots, n, s)$,初始冲击能量为 500 J,由此在脉冲载荷 $f(t)$ 作用下初始岩块的扰动速度为 $v_1 = 10 \text{ m/s}$。为便于分析令,$s = 20$,对由 20 个岩块与支护组成的块系围岩与支护系统进行吸能防冲计算分析。

首先,分析增大块体间的阻尼且阻尼集中作用时的吸能防冲效果。增大邻近顶板的岩块 m_{19} 和 m_{20} 之间的阻尼作用 c_{19},其余块体间的阻尼不变。当阻尼为原来的 20 倍时(即 $c_{19} = 700 \text{ kg/s}$)称为阻尼变化(1),增大 40 倍时(即 $c_{19} = 1\,400 \text{ kg/s}$)称为阻尼变化(2)。由于分析岩体的主动吸能作用,故暂不考虑支护阻尼的吸能作用,令支护上的附加阻尼 $c_s = 0 \text{ kg/s}$ 其余计算参数不变,则顶板块体 m_{20} 的动能如图 6-22 所示。

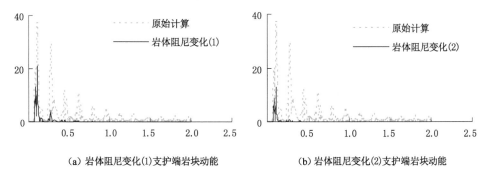

(a) 岩体阻尼变化(1)支护端岩块动能　　　　(b) 岩体阻尼变化(2)支护端岩块动能

图 6-22　块体间阻尼增大时支护端岩块动能

从图 6-22 可知,顶板的动能以周期递减的形式衰减,当块体间的阻尼增大时动能迅速

衰减。在原始计算参数下顶板的动能最大值为 37.1 J,当岩块 m_{19} 和 m_{20} 之间的阻尼分别为原来的 20 倍和 40 倍时,动能最大值依次为 21.2 J 和 13.0 J,下降率分别为 42.9% 和 65.0%。因此,随着覆岩块体间阻尼的增大,支护端岩块的能量衰减明显,在实际工程中可根据能量的可控性来选择合适的岩体间阻尼增大幅度。

其次,分析块体间的阻尼增大且分散时顶板的动能响应。当岩体中的阻尼总体增大幅度保持不变但阻尼分布在不同的块体间时,分析顶板的动能响应。若岩块 m_{18} 和 m_{19} 及岩块 m_{19} 和 m_{20} 之间的阻尼同时增大为原来的 10 倍(即 $c_{18}=c_{19}=350$ kg/s)称为阻尼变化(3),同时增大为原来的 20 倍时(即 $c_{18}=c_{19}=700$ kg/s)称为阻尼变化(4)。同样暂时不考虑支护阻尼的作用,令支护上的附加阻尼 $c_{20}=0$ kg/s,其余计算参数不变,则顶板岩块 m_{20} 的动能如图 6-23 所示。

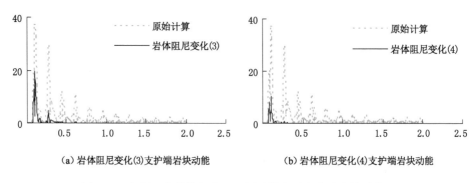

(a)岩体阻尼变化(3)支护端岩块动能 (b)岩体阻尼变化(4)支护端岩块动能

图 6-23 相邻两个块体间的阻尼同时增大时支护端岩块动能

从图 6-23 可知,在岩体中的阻尼总体增大幅度保持不变的情况下,当相邻两个块体间的阻尼同时增大时,顶板的动能同样以周期递减的形式衰减,且在岩块 m_{18} 和 m_{19} 及岩块 m_{19} 和 m_{20} 之间阻尼同时为原来的 10 倍和 20 倍时,顶板的动能最大值依次为 19.0 J 和 10.4 J。相比于原始计算,动能最大值的下降率分别为 48.8% 和 72.0%。同时与图 6-22 对比可知,当增大局部块体间的阻尼作用时,阻尼分布作用于相邻两个块体间相比于阻尼集中作用时的吸能防冲效果更好。

(2)支护被动吸能分析

下面通过增大支护阻尼作用对支护的被动吸能防冲效果进行计算分析。当支护阻尼为原始支护阻尼的 20 倍时,即 $c_{20}=700$ kg/s,称为支护阻尼变化(1);增大 40 倍时,即 $c_{20}=1\ 400$ kg/s,称为支护阻尼变化(2)。此时,顶板块体 m_{20} 的动能如图 6-24 所示。

从图 6-24 可知,当增大支护阻尼时顶板的动能以周期递减的形式衰减,在原始吸能支护作用下,即 $c_{20}=35$ kg/s,顶板岩块的动能最大值为 36.9 J。当支护阻尼分别为原始支护阻尼的 20 倍和 40 倍时,顶板岩块的动能最大值依次为 32.3 J 和 27.1 J,下降率分别为 12.5% 和 26.6%。相比于图 6-22 可知,同样的阻尼变化,阻尼作用在岩体内时的吸能防冲效果要比阻尼作用在支护上的吸能效果更加明显。

(3)岩体-支护统一吸能分析

下面分析同时增大岩体和支护中的阻尼作用进行吸能防冲时,顶板岩块的动能变化。将岩块 m_{19} 和 m_{20} 之间的阻尼及支护体自身的阻尼同时增大为原来的 10 倍,即 $c_{19}=c_{20}=350$ kg/s,称为岩体与支护阻尼变化(1);增大 20 倍,即 $c_{19}=c_{20}=700$ kg/s,称为岩体与支护

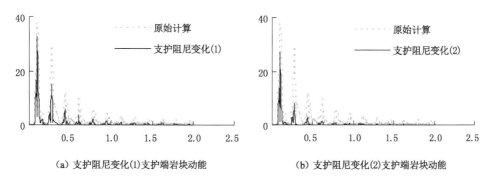

图 6-24　支护阻尼增大时支护端岩块动能

阻尼变化(2)。顶板岩块 m_{20} 的动能如图 6-25 所示。

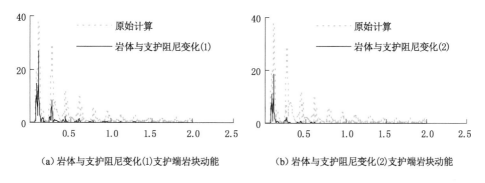

图 6-25　岩体与支护阻尼同时增大时支护端岩块动能

从图 6-25 可知,在原始刚性支护作用下,顶板岩块的动能最大值为 37.1 J,当岩体与支护阻尼同时增大为原来的 10 倍和 20 倍时,顶板岩块的动能最大值依次为 26.4 J 和 18.6 J。此时,动能最大值的下降率依次为 28.8％和 49.9％。与图 6-22 和图 6-24 对比可知,在阻尼总体增大幅度保持不变的情况下,岩体和支护中的阻尼同时增大时,顶板岩块动能最大值的下降率介于增大岩体阻尼作用主动吸能与增大支护阻尼作用被动吸能的下降率之间。因此,在对岩体与支护进行统一吸能防冲时应以岩体主动吸能为主、支护被动吸能为辅进行统一吸能防冲。

6.4　摆型波传播过程的块系围岩吸能防冲分析

6.4.1　块系围岩破坏程度对顶板冲击影响

6.3 节的研究说明了吸能防冲应以岩体主动吸能为主。下面考虑块系围岩的破坏吸能防冲特性[104],巷道支护采用刚性支护,即令支护阻尼 $c_s = 0$,若方程(6-57)的阻尼矩阵 $\boldsymbol{C}$ 中 $c_s = 0$,类似解为式(6-60),可分析刚性支护作用下围岩块体的动力响应。

基于图 6-21 的模型分析块系岩体的不同破坏程度对巷道顶板的冲击响应影响。令 $s = 20$,分析由 20 个岩块组成的块系岩体,计算参数为:各块体的质量 $m_i = 10$ kg$(i = 1, 2, \cdots,$

20)，块体间的黏弹性系数 $c_i = 35$ kg/s，$k_i = 6 \times 10^5$ kg/s²，支护刚度为 $k_s = 6 \times 10^5$ kg/s²，岩块 m_1 的初始扰动速度为 10 m/s。将距顶板附近的 5 个岩块进行不同程度破坏：破坏程度 (1)，沿与冲击垂直方向将每个岩块均匀地破坏成 2 个子块，此时围岩块数为 25 块，且后 10 块每块质量为 5 kg；破坏程度 (2)，将每个岩块均匀破坏成 5 个子块，此时围岩块数为 40 块，且后 25 块每块质量为 2 kg；破坏程度 (3)，每个岩块被均匀地破坏成 10 个子块，此时围压块数为 65 块，且后 50 块每块质量为 1 kg。在岩块被破坏时，子块体间保持原块系岩体间软弱连接介质的力学性质，下面分析 3 种不同破坏程度下顶板的动力响应。

（1）块系围岩破坏程度对顶板位移响应的影响

3 种不同围岩破坏程度下顶板的位移响应如图 6-26 所示。

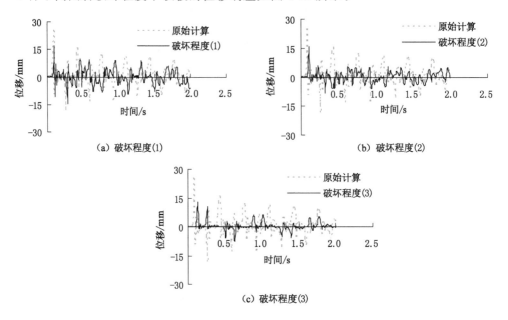

图 6-26　不同围岩破坏程度下顶板位移响应

由图 6-26 可知，顶板的位移响应呈现周期性衰减，其正方向运动表现为顶板向巷道突出过程是对围岩的一种拉伸作用，负方向运动则表现为顶板向围岩内部的挤压过程，产生挤压位移。当块系岩体破坏时相比于破坏前，顶板位移的初始响应时间发生延迟，且破坏程度越大延迟越明显。顶板位移幅值相比于破坏前在拉伸和挤压方向上的位移最值具有不同的衰减特征，见表 6-4。

表 6-4　不同围岩破坏程度下顶板位移最值衰减特征

围岩状态	最大拉伸		最大挤压	
	位移/mm	衰减率/%	位移/mm	衰减率/%
原始围岩	25.2		−18.1	
破坏程度(1)	17.3	31.3	−14.8	18.2
破坏程度(2)	15.9	36.9	−8.2	54.7
破坏程度(3)	12.9	48.8	−8.1	55.2

（2）块系围岩破坏程度对顶板冲击力响应的影响

3种不同围岩破坏程度下顶板的加速度响应如图6-27所示。

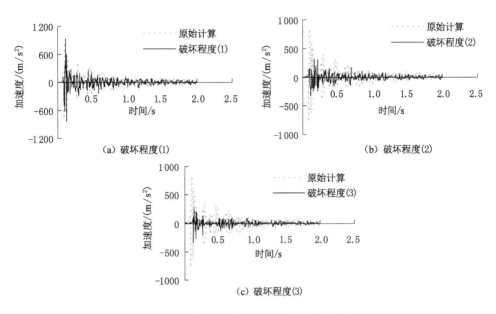

图 6-27　不同围岩破坏程度下顶板加速度响应

由图6-27可知，在围岩破坏程度（2）和破坏程度（3）时顶板的加速度幅值明显低于破坏前，但在破坏程度（1）时顶板的加速度响应最值略高于破坏前但在响应过程中出现相对衰减特征。通过顶板岩块的质量和其加速度响应最值可分析在不同围岩破坏程度下顶板向巷道的最大突出力和向围岩内部的最大挤压力，其相对于破坏前的衰减特征见表6-5。

表 6-5　不同围岩破坏程度下顶板冲击力最值衰减特征

围岩状态	最大突出力		最大挤压力	
	数值/N	衰减率/%	数值/N	衰减率/%
原始围岩	8 192.0		−7 313.0	
破坏程度（1）	4 670.5	43.0	−4 114.0	43.7
破坏程度（2）	648.8	92.1	−630.4	91.4
破坏程度（3）	254.4	96.9	−327.3	95.5

由表6-5可知，在对块系岩体进行破坏时，巷道顶板的突出力和挤压力最值均出现下降，且随着破坏程度的增大顶板突出力和挤压力最值衰减明显，达到90%以上。因此，通过改变块系围岩的破坏程度可有效缓解围岩动力传播至巷道顶板的冲击作用。

（3）块系围岩破坏程度对顶板动能响应的影响

3种不同围岩破坏程度下顶板的动能响应如图6-28所示。

由图6-28可知，通过破坏块系岩体可达到应力释放和耗散冲击能量的作用，使得冲击

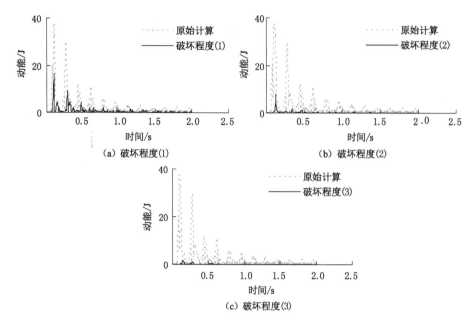

图 6-28　不同围岩破坏程度下顶板动能响应

扰动在到达巷道时顶板的能量显现被明显削弱。同时,顶板的动能最值下降对围岩的破坏程度较为敏感,在不同破坏程度下顶板的动能衰减差异明显,见表 6-6。

表 6-6　不同围岩破坏程度下顶板动能最值衰减特征

围岩状态	动能最大值/J	衰减率/%
原始围岩	37.1	
破坏程度(1)	16.4	55.8
破坏程度(2)	8.1	78.2
破坏程度(3)	1.8	95.1

由表 6-6 可知,顶板的动能衰减显著,有效耗散了围岩中动载荷传播所携带的能量,进而对巷道起到保护作用。随着破坏程度的增大,顶板动能迅速衰减,冲击能量被围岩破坏带介质吸收和耗散掉,达到了围岩吸能防冲的目的。

6.4.2　块系围岩破坏深度对顶板冲击影响

在距巷道顶板不同深度时对围岩进行破坏,令冲击源与巷道之间的距离为 l,将岩块沿与冲击垂直方向均匀破坏成 3 个子块,但破坏深度不同:破坏深度(1),在距巷道顶板 $l/10$ 处破坏岩块,此时将岩块 m_{19} 和 m_{20} 破坏,破坏后围岩总块数为 24 且后 6 块的质量分别为 3.3 kg;破坏深度(2),在距巷道顶板 $l/4$ 处破坏岩块,此时将岩块 m_{16} 和 m_{20} 破坏,破坏后围岩总块数为 30 且后 15 块的质量分别为 3.3 kg;破坏深度(3),在距巷道顶板 $l/2$ 处破坏岩块,此时将岩块 m_{11} 至 m_{20} 破坏,破坏后围岩总块数为 40 且后 30 块的质量分别为 3.3 kg。在岩块被破坏时,子块体间仍保持原块系岩体间软弱介质的力学性质,下面分析块系围岩在

3 种不同破坏深度下的顶板动力响应。

（1）块系围岩破坏深度对顶板位移响应的影响

3 种不同围岩破坏深度下顶板的位移响应如图 6-29 所示。

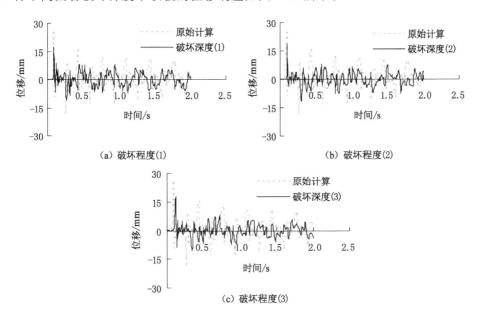

图 6-29   不同围岩破坏深度下顶板位移响应

由图 6-29 可知，不同围岩破坏深度下顶板的位移响应幅值均出现下降。相比于破坏前，不同破坏深度下顶板的拉伸位移和挤压位移最值衰减特征见表 6-7。

表 6-7   不同围岩破坏深度顶板位移最值衰减特征

围岩状态	最大拉伸		最大挤压	
	位移/mm	衰减率/%	位移/mm	衰减率/%
原始围岩	25.2		−18.1	
破坏深度(1)	17.2	31.7	−11.0	39.2
破坏深度(2)	18.8	25.4	−11.6	35.9
破坏深度(3)	17.1	32.1	−10.6	41.4

由表 6-7 可知，在距巷道顶板不同深度下对围岩进行破坏时，顶板的位移响应得到了有效抑制。随着破坏深度的增大，顶板的挤压和拉伸位移最值衰减率并不是单调递增变化。从抑制顶板位移响应角度来说，对于浅震源，通过改变围岩破坏深度来实现尚可，对于震源较深的情况，通过破坏深度来削减动力传播和抑制顶板位移，要比通过破坏程度实现起来更加困难。

（2）块系围岩破坏深度对顶板冲击力响应的影响

3 种不同围岩破坏深度下顶板的加速度响应如图 6-30 所示。

由顶板加速度响应最值与顶板岩块质量可分析顶板的最大突出力和最大挤压力，当块

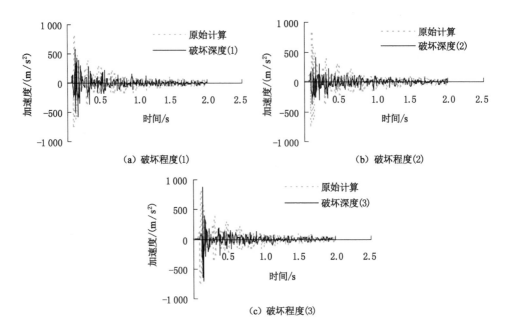

图 6-30 不同围岩破坏深度下顶板加速度响应

系岩体具有不同的破坏深度时,相对于破坏前,顶板的突出力最值和挤压力最值衰减特征见表 6-8。

表 6-8 不同围岩破坏深度顶板冲击力最值衰减特征

围岩状态	最大突出力		最大挤压力	
	数值/N	衰减率/%	数值/N	衰减率/%
原始围岩	8 192.0		−7 313.0	
破坏深度(1)	1 916.6	76.6	−1 921.6	73.7
破坏深度(2)	1 337.5	83.7	−1 187.0	83.8
破坏深度(3)	2 906.6	64.5	−2 313.3	68.4

由表 6-8 可知,顶板的最大突出力和最大挤压力幅值均衰减显著,但破坏深度与突出力和挤压力最值衰减并不满足单调递增关系,因此通过围岩的破坏深度来抑制巷道顶板的冲击力作用较为复杂,需要依据巷道顶板的稳定响应范围,经过理论计算选取合适的岩体破坏深度。

(3)块系围岩破坏深度对顶板动能响应的影响

3 种不同围岩破坏深度下顶板的动能响应如图 6-31 所示。

由图 6-31 可知,围岩具有不同破坏深度时顶板动能均明显下降。通过破坏块系岩体使得冲击载荷携带的能量在到达巷道时顶板的动能被明显削弱,相比于破坏前顶板的动能最值衰减特征见表 6-9。

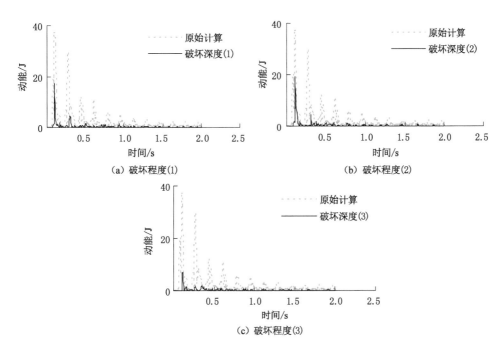

（a）破坏程度（1）　（b）破坏程度（2）

（c）破坏程度（3）

图 6-31　不同围岩破坏深度下顶板动能响应

表 6-9　不同围岩破坏深度时顶板动能最值衰减特征

围岩状态	动能最大值/J	衰减率/%
原始围岩	37.1	
破坏深度（1）	17.2	53.6
破坏深度（2）	19.3	48.0
破坏深度（3）	7.0	81.1

　　由表 6-9 可知,顶板的动能衰减明显,有效耗散了围岩动力传播所携带的能量,对巷道起到保护作用。随着围岩破坏深度的增加,动能衰减并不是线性增长,因此不能通过盲目地选取围岩破坏深度来进行岩体吸能防冲,该理论计算方法可为量化分析围岩破坏吸能防冲和确定破坏方案提供参考。

参 考 文 献

[1] 黄理兴.岩石动力学研究成就与趋势[J].岩土力学,2011,32(10):2889-2900.

[2] 潘一山.煤矿冲击地压[M].北京:科学出版社,2018.

[3] 钱七虎.深部岩石工程中的岩体力学问题:深部岩体力学的若干关键问题[M]//钱七虎院士论文选集.北京:科学出版社,2007.

[4] 钱七虎.深部岩体工程响应的特征科学现象及"深部"的界定[J].东华理工学院学报,2004,27(1):1-5.

[5] 何满潮,谢和平,彭苏萍,等.深部开采岩体力学研究[C]//中国软岩工程与深部灾害控制研究进展——第四届深部岩体力学与工程灾害控制学术研讨会暨中国矿业大学(北京)百年校庆学术会议.北京:[出版者不详],2009.

[6] 何满潮,孙晓明.深部岩体力学与工程灾害控制研究现状与展望[M]//2009—2010岩石力学与岩石工程学科发展报告.北京:科学技术出版社,2010.

[7] 谢和平.深部岩体力学与开采理论研究进展[J].煤炭学报,2019,44(5):1283-1305.

[8] 谢和平,高峰,鞠杨.深部岩体力学研究与探索[J].岩石力学与工程学报,2015,34(11):2161-2178.

[9] 王明洋,李杰,李凯锐.深部岩体非线性力学能量作用原理与应用[J].岩石力学与工程学报,2015,34(4):659-667.

[10] 王明洋,解东升,李杰,等.深部岩体变形破坏动态本构模型[J].岩石力学与工程学报,2013,32(6):1112-1120.

[11] B. H. 阿巴林.矿井深部开采非线性力学特点[J].辽宁工程技术大学学报(自然科学版),2009,28(5):785-787.

[12] SHEMYAKIN E I,FISENKO G L,KURLENYA M V,et al. Zonal disintegration of rocks around underground workings,Part Ⅰ:data of in situ observations[J]. Soviet mining science,1986,22(3):157-168.

[13] SHEMYAKIN E I,FISENKO G L,KURLENYA M V,et al. Zonal disintegration of rocks around underground workings,Part Ⅱ:rock fracture simulated in equivalent materials[J]. Soviet mining,1986,22(4):223-232.

[14] SHEMYAKIN E I,FISENKO G L,KURLENYA M V,et al. Zonal disintegration of rocks around underground workings,part Ⅲ:theoretical concepts[J]. Soviet mining science,1987,23(1):1-6.

[15] SHEMYAKIN E I,KURLENYA M V,OPARIN V N,et al. Zonal disintegration of rocks around underground workings,Ⅳ. practical applications[J]. Soviet mining science,1989,25(4):297-302.

［16］KURLENYA M V,OPARIN V N,YERYOMENKO A A. On the ratio of the linear dimensions of rock blocks to the magnitudes of crack opening in the structural hierarchy of a mass［J］. Fiziko tekhnicheskie problemy razrabotki poleznykh iskopaemykh,1993(2):6-63.

［17］KURLENYA M V,OPARIN V N,VOSTRIKOV V I. Effect of anomalously low friction in block media［J］. Journal of applied mechanics and technical physics,1999, 40(6):1116-1120.

［18］OPARIN V N,YUSHKIN V F,AKININ A A,et al. On a new scale of structural-hierarchical conceptions as a certificate characteristic of geomedium［J］. Fiziko tekhnicheskie problemy razrabotki poleznykh iskopaemykh,1998,(5):578-580.

［19］LUK'YASHKO O A,SARAIKIN V A. Transient one-dimensional wave processes in a layered medium［J］. Journal of mining science,2007,43(2):145-158.

［20］OPARIN V N,SIMONOV B F. Nonlinear deformation-wave processes in the vibrational oil geotechnologies［J］. Journal of mining science,2010,46(2):95-112.

［21］ALEKSANDROVA N I. Seismic waves in a three-dimensional block medium［J］. Proceedings of the Royal Society A:Mathematical,Physical and engineering sciences, 2016,472(2192):20160111.

［22］ALEKSANDROVA N I. Propagation of pendulum waves under deep-seated cord charge blasting in blocky rock mass［J］. Journal of mining science,2017,53(5): 824-830.

［23］KURLENYA M V,OPARIN V N,VOSTRIKOV V I. On formation of elastic wave packages under impulse excitation of block media［J］. Doklady akademii nauk SSSR, 1993,333(4):1-7.

［24］KURLENYA M V,OPARIN V N,OSTRIKOV V I. Pendulum type waves. Part Ⅱ: state of the problem and measuring instrument and computer complex［J］. Journal of mining science,1996,32(4):245-273.

［25］KURLENYA M,OPARIN V. Problems of nonlinear geomechanics. Part Ⅱ［J］. Journal of mining science,2000,36:305-326.

［26］SADOVSKY M A. Natural lumpiness of rock［J］. Doklady akademii nauk,1979,247 (4):21-29.

［27］戚承志,钱七虎,王明洋,等. 岩体的构造层次及其成因［J］. 岩石力学与工程学报, 2005,24(16):2838-2846.

［28］ADUSHKIN V V,OPARIN V N. From the alternating-sign explosion response of rocks to the pendulum waves in stressed geomedia. Part Ⅰ［J］. Journal of mining science,2012,48(2):203-222.

［29］ADUSHKIN V V,OPARIN V N. From the alternating-sign explosion response of rocks to the pendulum waves in stressed geomedia. Part Ⅲ［J］. Journal of mining science,2014,50(4):623-645.

［30］吴昊,方秦,于冬勋. 深部块系岩体摆型波现象的研究进展［J］. 力学进展,2008,38(5):

601-609.

[31] KURLENYA M V,OPARIN V N,VOSTRIKOV V I,et al. Pendulum waves. Part Ⅲ:data of on-site observations[J]. Journal of mining science,1996,32(5):341-361.

[32] SLEPYAN L I. Nonstationary elastic waves[M]. Leningrad:Sudostroenie,1972.

[33] SLEPYAN L I,YAKOCLEV YU S. Integral transformations in nonstationary problems of mechanics[M]. Leningrad:Sudostroenie,1980.

[34] SLEPYAN L I. Models and phenomena in fracture mechanics[M]. Berlin:Springer,2002.

[35] KURLENYA M V, OPARIN V N, BALMASHNOVA E G, et al. On dynamic behavior of "self-stressed" block media. Part Ⅰ:one-dimensional mechanico-mathematical model[J]. Journal of mining science,2001,37(1):1-9.

[36] OPARIN V N,BALMASHNOVA E G,VOSTRIKOV V I. On dynamic behavior of "self-stressed" block media. Part Ⅱ:comparison of theoretical and experimental data [J]. Journal of mining science,2001,37(5):455-461.

[37] ALEKSANDROVA N I. Elastic wave propagation in block medium under impulse loading[J]. Journal of mining science,2003,39(6):556-564.

[38] ALEKSANDROVA N I, CHERNIKOV A G, SHER E N. On attenuation of pendulum-type waves in a block rock mass[J]. Journal of mining science,2006,42 (5):468-475.

[39] ALEKSANDROVA N I,SHER E N,CHERNIKOV A G. Effect of viscosity of partings in block-hierarchical media on propagation of low-frequency pendulum waves [J]. Journal of mining science,2008,44(3):225-234.

[40] SHER E N, ALEKSANDROVA N I, AYZENBERG-STEPANENKO M V,et al. Influence of the block-hierarchical structure of rocks on the peculiarities of seismic wave propagation[J]. Journal of mining science,2007,43(6):585-591.

[41] ALEKSANDROVA N I,AYZENBERG-STEPANENKO M V,SHER E N. Modeling the elastic wave propagation in a block medium under the impulse loading[J]. Journal of mining science,2009,45(5):427-437.

[42] ALEKSANDROVA N I,SHER E N. Wave propagation in the 2D periodical model of a block-structured medium. Part I:characteristics of waves under impulsive impact [J]. Journal of mining science,2010,46(6):639-649.

[43] ALEKSANDROVA N I. Pendulum waves on the surface of block rock mass under dynamic impact[J]. Journal of mining science,2017,53(1):59-64.

[44] ALEKSANDROVA N I. The propagation of transient waves in two-dimensional square lattices [J]. International journal of solids and structures, 2022, 234/235:111194.

[45] SARAIKIN V A. Calculation of wave propagation in the two-dimensional assembly of rectangular blocks[J]. Journal of mining science,2008,44(4):353-362.

[46] SARAIKIN V A. Elastic properites of blocks in the low-frequency component of waves in A 2D medium[J]. Journal of mining science,2009,45(3):207-221.

［47］ SARAIKIN V A. Propagation of a low-frequency wave component in a model of a block medium［J］. Journal of applied mechanics and technical physics,2009,50(6): 1063-1070.

［48］ SARAIKIN V A,CHERNIKOV A G,SHER E N. Wave propagation in two-dimensional block media with viscoelastic layers (Theory and experiment)［J］. Journal of applied mechanics and technical physics,2015,56(4):688-697.

［49］ SADOVSKII V M,SADOVSKAYA O V. Modeling of elastic waves in a blocky medium based on equations of the Cosserat continuum［J］. Wave motion,2015,52: 138-150.

［50］ OPARIN V N. Theoretical fundamentals to describe interaction of geomechanical and physicochemical processes in coal seams［J］. Journal of mining science,2017,53(2): 201-215.

［51］ 王明洋,戚承志,钱七虎.深部岩体块系介质变形与运动特性研究［J］.岩石力学与工程学报,2005,24(16):2825-2830.

［52］ 王明洋,周泽平,钱七虎.深部岩体的构造和变形与破坏问题［J］.岩石力学与工程学报,2006,25(3):448-455.

［53］ 潘一山,王凯兴.岩块尺度对摆型波传播影响研究［J］.岩石力学与工程学报,2012,31(增刊2):3459-3465.

［54］ 王凯兴,潘一山.摆型波传播过程块系岩体频域响应反演岩块间黏弹性性质［J］.煤炭学报,2013,38(S1):19-24.

［55］ 王凯兴,潘一山,曾祥华,等.块系岩体间黏弹性性质对摆型波传播的影响［J］.岩土力学,2013,34(增刊2):174-179.

［56］ 王凯兴,潘一山,窦林名.摆型波传播过程块系岩体能量传递规律研究［J］.岩土工程学报,2016,38(12):2309-2314.

［57］ WANG K X,ALEKSANDROVA N I,PAN Y S,et al. Effect of block medium parameters on energy dissipation［J］. Journal of applied mechanics and technical physics,2019,60(5):926-934.

［58］ 朱守东,戚承志,姜宽,等.块系岩体摆型波能量转化和耗散规律［J］.科学技术与工程,2021,21(27):11760-11767.

［59］ 姜宽,戚承志,朱柄宇,等.夹层非均匀分布的块系岩体摆型波传播规律［J］.科学技术与工程,2019,19(33):358-365.

［60］ 姜宽,戚承志,卢真辉,等.考虑双模量特性的块系岩体摆型波传播规律研究［J］.振动与冲击,2020,39(24):171-178.

［61］ JIANG K,QI C Z,ZHU S D,et al. Study of the frequency response of the block-rock mass with bimodulus characteristics［J］. IOP conference series:earth and environmental science,2020,570(5):052006.

［62］ 潘一山,王凯兴.岩体间超低摩擦发生机理的摆型波理论［J］.地震地质,2014,36(3): 833-844.

［63］ 王洪亮,葛涛,王德荣,等.块系岩体动力特性理论与实验对比分析［J］.岩石力学与工

程学报,2007,26(5):951-958.

[64] 吴昊,方秦,王洪亮.深部块系岩体超低摩擦现象的机理分析[J].岩土工程学报,2008,30(5):769-775.

[65] 蒋海明,李杰,王明洋.块系岩体滑移失稳中低摩擦效应的理论与试验研究[J].岩土力学,2019,40(4):1405-1412.

[66] 李杰,王明洋,陈昊祥,等.深部非线性岩石动力学的理论发展及应用[J].中国科学:物理学 力学 天文学,2020,50(2):17-24.

[67] KURLENYA M V,OPARIN V N,VOSTRIKOV V I. Pendulum type waves. Part I:state of the problem and measuring instrument and computer complexes[J]. Journal of mining science,1996,32(3):159-163.

[68] KURLENYA M V,OPARIN V N,OSTRIKOV V I. Geomechnics, problems of nonlinear geomechnics part I[J].Journal of mining science,1999,36(4):12-16.

[69] KURLENYA M V,SERDYUKOV S V. Low-frequency resonances of seismic luminescence of rocks in a low-energy vibration-seismic field[J]. Journal of mining science,1999,35(1):1-5.

[70] KURLENYA M V,OPARIN V N,VOSTRIKOV V I. Geomechanical conditions for quasi-resonances in geomaterials and block media[J]. Journal of mining science,1998,34(5):379-386.

[71] ALEKSANDROVA N I,CHERNIKOV A G,SHER E N. Experimental investigation into the one-dimensional calculated model of wave propagation in block medium[J]. Journal of mining science,2005,41(3):232-239.

[72] ALEKSANDROVA N I,SHER E N. Modeling of wave propagation in block media [J].Journal of mining science,2004,40(6):579-587.

[73] OPARIN V N,YUSHKIN V F,RUBLEV D E,et al. Verification of kinematic expression for pendulum waves based on the seismic measurements in terms of the Tashtagol Mine and Iskitim marble quarry[J]. Journal of mining science,2015,51(2):203-219.

[74] BAGAEV S N,OPARIN V N,ORLOV V A,et al. Pendulum waves and their singling out in the laser deformograph records of the large earthquakes[J]. Journal of mining science,2010,46(3):217-224.

[75] KIRYAEVA T A,OPARIN V N. The influence of nonlinear deformation-wave processes induced by seismic effects on the gas-dynamic activity of coal mines[J]. IOP conference series:earth and environmental science,2021,666(2):022013.

[76] OPARIN V N,ADUSHKIN V V,KIRYAEVA T A,et al. Effect of pendulum waves from earthquakes on gas-dynamic behavior of coal seams in kuzbass[J]. Journal of mining science,2018,54(1):1-12.

[77] KURLENYA M V,ADUSHKIN V V,OPARIN V N. Alternating reaction of rocks to dynamic action[J]. Doklady akademii nauk SSSR,1992,323(2):40-45.

[78] VOSTRIKOV V I,OPARIN V N,CHERVOV V V. On some features of solid-body

motion under combined vibrowave and static actions[J]. Journal of mining science, 2000,36(6):523-528.

[79] TORO G D,GOLDSBY D L,TULLIS T E. Friction falls towards zero in quartz rock as slip velocity approaches seismic rates[J]. Nature,2004,427:436-439.

[80] TARASOV B G,RANDOLPH M F. Frictionless shear at great depth and other paradoxes of hard rocks[J]. International journal of rock mechanics and mining sciences,2008,45(3):316-328.

[81] 王凯兴,窦林名,潘一山,等.块系岩体非协调动力响应特征试验研究[J].岩土力学,2020,41(4):1227-1234.

[82] 王凯兴,薛佳琪,潘一山,等.岩块间软弱介质对块系岩体摆型波传播影响试验研究[J].振动与冲击,2022,41(24):298-304.

[83] 李杰,周益春,蒋海明,等.非线性摆型波问题的提出及科研仪器研制[J].湘潭大学自然科学学报,2017,39(4):22-28.

[84] 李杰,王明洋,蒋海明,等.爆炸与冲击中的非线性岩石力学问题(Ⅰ):一维块系岩体波动特性的试验研究[J].岩石力学与工程学报,2018,37(1):38-50.

[85] 李杰,蒋海明,王明洋,等.爆炸与冲击中的非线性岩石力学问题(Ⅱ):冲击扰动诱发岩块滑移的物理模拟试验[J].岩石力学与工程学报,2018,37(2):291-301.

[86] 贾宝新,陈扬,潘一山,等.冲击载荷下块系岩体摆型波传播特性的试验研究[J].岩土力学,2015,36(11):3071-3076.

[87] 王德荣,陆渝生,冯淑芳,等.深部岩体动态特性多功能试验系统的研制[J].岩石力学与工程学报,2008,27(3):601-606.

[88] 吴昊,方秦,张亚栋,等.一维块系地质块体波动特性的试验和理论研究[J].岩土工程学报,2010,32(4):600-611.

[89] 李利萍,李卫军,潘一山.基于竖向位移差的块系岩体超低摩擦效应理论分析[J].煤炭学报,2019,44(7):2116-2124.

[90] 李利萍,吴金鹏,鞠翔宇,等.围压与冲击扰动作用下组合煤岩超低摩擦效应分析[J].地质力学学报,2019,25(6):1099-1106.

[91] 许琼萍,陆渝生,王德荣.深部岩体块系摩擦减弱效应试验[J].解放军理工大学学报(自然科学版),2009,10(3):285-289.

[92] 何满潮,王炀,刘冬桥,等.基于二维数字图像相关技术的块系花岗岩超低摩擦效应实验研究[J].煤炭学报,2018,43(10):2732-2740.

[93] 蒋海明,李杰,王明洋.块系岩体动态特性测试系统研制及其应用[J].振动与冲击,2018,37(21):29-34.

[94] LIU D Q,LIN Y W,WANG Y,et al. Experimental study on ultra-low friction effect of granite block under coupled static and dynamic loads[J]. Geotechnical and geological engineering,2020,38(5):4521-4528.

[95] 黄醒春.岩石力学[M].北京:高等教育出版社,2005.

[96] 钱鸣高,石平五,许家林.矿山压力与岩层控制[M].2版.徐州:中国矿业大学出版社,2010.

［97］潘一山,肖永惠,李忠华,等.冲击地压矿井巷道支护理论研究及应用［J］.煤炭学报,
　　　2014,39(2):222-228.

［98］LI Y,YOU Z. External inversion of thin-walled corrugated tubes［J］. International
　　　journal of mechanical sciences,2018,144:54-66.

［99］WANG H R,ZHAO D Y,JIN Y F,et al. Unified parametric modeling of origami-
　　　based tube［J］. Thin-walled structures,2018,133:226-234.

［100］窦林名,李振雷,张敏.煤矿冲击地压灾害监测预警技术研究［J］.煤炭科学技术,
　　　2016,44(7):41-46.

［101］张建卓,王洁,潘一山,等.6500kN 静-动复合加载液压冲击试验机研究［J］.煤炭学
　　　报,2020,45(5):1648-1658.

［102］王凯兴,潘一山.冲击地压矿井的围岩与支护统一吸能防冲理论［J］.岩土力学,2015,
　　　36(9):2585-2590.

［103］胡茂林.矩阵计算与应用［M］.北京:科学出版社,2008.

［104］王凯兴,窦林名,潘一山,等.块系覆岩破坏对巷道顶板的防冲吸能效应研究［J］.中国
　　　矿业大学学报,2017,46(6):1211-1217.